Horst Hübel

Das „freie" Photon der Quantenelektrodynamik

Über den Autor:

Er war viele Jahre als Gymnasiallehrer für Mathematik und Physik in Würzburg tätig und bildete als Seminarlehrer für Physik junge Referendare zu Physiklehrern an Gymnasien aus. Als promovierter Diplomphysiker arbeitete er in der Atom- und Kernphysik und der Festkörperphysik und erwarb sich dabei gründliche Kenntnisse der relativistischen und nichtrelativistischen Quantentheorie und der Vielteilchentheorie. Seine Kenntnisse konnte er auch bei Lehraufträgen an Studenten weitergeben. Während seiner schulischen Tätigkeit betrat er vielfach Neuland im Bereich des forschenden Lernens, vor allem mit Schülerversuchen zur Erarbeitung physikalischer Sachverhalte. Er entwickelte Soft- und Hardware für den Computereinsatz im Physik-Unterricht mit den zugehörigen neuartigen unterrichtlichen Konzepten und entwarf ein neues didaktisches Konzept zur Behandlung der Quantenphysik in der Schule, das „Würzburger Quantenphysik-Konzept" (WQPK), zu dem er umfangreiche Materialien online und gedruckt bereit stellte. Generell geht es ihm um alte und neue Themen der Schulphysik aus aktueller physikalischer Sicht. Genauso sollte sein Buch „Einstieg Atomphysik" dem Interessierten ein relativ leicht lesbares Kompendium auch moderner Inhalte an die Hand geben.

Vom Autor stammen auch die Bücher:

Schülerversuche mit PC und Mikroprozessor – Wege zum forschenden Lernen, Aulis Verlag Deubner, Köln 2005

Was Sie schon immer über Quanten wissen wollten, BoD, Norderstedt, 2009, ISBN 978-3-8370-8714-7 / 2. Auflage 2019: ISBN 978-3-7481-9192-6.

Schüleraktivierende Unterrichtsmaterialien, Band 1, auf dem Weg zur Quantenphysik, BoD, Norderstedt, 2007, ISBN 978-3-8370-1320-7

Schüleraktivierende Unterrichtsmaterialien, Band 2, Heuristische Methoden, BoD, Norderstedt, 2007, ISBN 978-3-8370-0630-8

Schüleraktivierende Unterrichtsmaterialien, Band 3, Atomphysik, BoD, Norderstedt, 2007, ISBN 978-3-8370-1321-4

Grundlagen der Quantenphysik – Das Schülerbuch, BoD, Norderstedt, 2011, ISBN 978-3-8423-4748-9

Physikalische Schülerversuche mit PC und Mikroprozessor - Wege zum forschenden Lernen, BoD, Norderstedt, 2013, ISBN 978-3-8482-3256-7

Quantenphysik Erstkontakt, BoD, Norderstedt, 2015, ISBN 978-3-7347-5992-5

Einstieg Atomphysik, BoD, Norderstedt, 2018, ISBN 978-3-7460-6838-1

Der einfache elektrische Stromkreis, BoD, Norderstedt, 2019, ISBN 978-3-7386-0094-0

Das „freie" Photon

der

Quantenelektrodynamik

Von

Horst Hübel

Würzburg

Bibliografische Information der Deutschen Bibliothek

Die Deutsche Bibliothek verzeichnet diese Publikation in der Deutschen Nationalbibliographie; detaillierte bibliographische Daten sind im Internet über <http://www.dnb.ddb.de> abrufbar.

Das vorliegende Werk wurde sorgfältig erarbeitet. Dennoch übernehmen Autor und Verlag keinerlei Haftung für die Richtigkeit von Angaben, Ratschlägen und Hinweisen sowie für eventuelle Druckfehler.

Herstellung und Verlag:

BoD - Books on Demand, Norderstedt

ISBN 978-3-7534-2710-2

Inhaltsverzeichnis

1 Worum geht es?

1.1 Was ist ein Photon?

Wenn das eine Frage nach dem „Wesen" oder auch dem „Charakter" von einem Photon sein soll, etwa in dem Sinn von „Welle oder Teilchen?", kann man von Seiten der Physik nicht viel dazu sagen, außer dass hier viele Missverständnisse zirkulieren. So sprechen viele Veröffentlichungen unter ähnlichem Titel eher davon, was ein Photon *nicht* ist. Von Seiten der Physik her lässt sich wenigstens darstellen, in welcher Weise ein Photon im Formalismus (oder bei Messungen) erscheint. So auch, wenn Sie nach dem Photon aus der Sicht der Quantenelektrodynamik fragen.

Im Physik-Unterricht an Schulen, in populärwissenschaftlichen Texten und auch in einführenden Hochschulkursen werden Grundprinzipien der Quantentheorie in einer bestimmten Weise besprochen. Dabei fasst man seit einiger Zeit Photonen mit Elektronen oder Atomen unter dem Oberbegriff „Quantenobjekte" zusammen, um an das Charakteristikum – weder klassische Teilchen noch klassische Wellen – zu erinnern. Für die Problematik steht häufig auch der irreführende Begriff „Welle-Teilchen-Dualismus". Beim „Welle-Teilchen-Dualismus" handelt es sich um einen historischen Deutungsversuch realer Beobachtungen, der durch neuere Konzepte überholt ist. In der Schule werden Photonen häufig analog zu Elektronen behandelt, allerdings mit Masse 0 und Ladung 0. Der ganzzahlige Spin-Drehimpuls wird normalerweise ohnehin in diesem Zusammenhang außer Acht gelassen. Insbesondere die Interferenz am Doppelspalt wird in der Regel in Analogie behandelt, wobei immer – und wie Sie sehen werden, überflüssigerweise - Bezug genommen wird auf eine Welleninterferenz (im Unterschied zu einer Einteilchen-Interferenz [Zei]). Nur der historische Weg (erst Interferenz bei Licht, dann Photoeffekt) schützt in der Schule davor, die Wahrscheinlichkeitsdeutung der Schrödinger'schen Wellenfunktion auf die elektromagnetischen Wellen zu übertragen.

Kritiker wenden dagegen mit einem gewissen Recht ein (z.B. [Pas1] und Literaturhinweise dort), dass es für Photonen keinen Ortsoperator und damit auch keine Wellenfunktion im Sinne einer ortsabhängigen Wahrscheinlichkeitsamplitude gibt und damit auch keine Wahrscheinlichkeit für die Messung eines Photons in der Umgebung eines bestimmten Orts. Eine Parallelbehandlung von Elektronen und Photonen verbiete sich damit. Die zugehörige Schulpraxis wird in Frage gestellt.

Eine übergeordnete Theorie zur nichtrelativistischen und relativistischen Quantenmechanik und zur klassischen Theorie des elektromagnetischen Felds ist die Quantenelektrodynamik (QED) bzw. Quantenfeldtheorie (QFT). In diesem Text wird erklärt, wie darin Photonen und andere mit ihnen zusammenhängende Quantenobjekte gesehen werden. Es wird referiert, wie übliche Lehrbücher der QED bzw. QFT (z.B. [Ma], [Harr]) das quantisierte „freie" Feld beschreiben, also das nicht mit Ladungen wechselwirkende elektromagnetische Feld, und wie dabei Photonen mit be-stimmten[1] und un-bestimmten Eigenschaften und andere Quantenobjekte erscheinen, z.B. auch Photonen-Zwillinge (verschränkte Photonen) und kohärente Zustände. Es stellt sich heraus, dass alle diese Quantenobjekte inkl. der Photonen Anregungs-Zustände des elektromagnetischen Felds sind. Wichtige Wahrscheinlichkeitsaussagen werden diskutiert, aber nicht im Zusammenhang mit Ortsabhängigkeiten. Es wird gezeigt, wie in der QED ohne *direkten* Bezug auf einen „Wellencharakter" stehende Wellen und ein Interferenzbild, z.B. beim Doppelspalt, entstehen, sogar, wenn nur ein einziges Photon beteiligt ist („Einteilchen-Interferenz", [Zei]). Das gilt auch für Polarisationsexperimente. Es wird ein Vorschlag gemacht, was danach von der üblichen schulischen Darstellung gerettet werden kann.

Zugleich könnte dieser Text in gewisser Weise als eine Begründung des didaktischen „Würzburger Quantenphysik-Konzepts (WQPK, [Hü])"[2] gesehen werden, das die realen und sehr überraschenden Beobachtungen ohne Bezug auf den historischen Welle-Teilchen-Dualismus beschreibt, aber stattdessen „Grundfakten" in den Vordergrund stellt, in Fortführung der Küblbeck-Müller'schen „Wesenszüge" [Kü].

In diesem Text wird geklärt, was die QED zu nicht wechselwirkenden Photonen lehrt. Die Ausführungen sollen eine Grundlage liefern für sachlich geführte Diskussionen der Thematik. Deshalb geht dieser Text in einzelnen

---

1: *Die nicht dudengemäße Schreibweise für „be-stimmt" wird im Text immer verwendet, wenn im Unterschied zum gewöhnlichen „bestimmt" der quantenphysikalische Begriff gemeint ist. Ebenso wird hier „un-bestimmt" verwendet.*

2: *Hübel H., **Das Würzburger Quantenphysik-Konzept**, PdN Physik in der Schule, S. 21 - 24, 2016   oder   https://www.forphys.de/overview.html*

Punkten über Standard-Lehrbücher hinaus.

Häufig wird gelehrt, Einstein habe mit seiner Deutung des Photoeffekts die Existenz von Photonen „bewiesen". Kritiker (z.B. [Lo]) wenden ein, dass der Photoeffekt auch quantitativ erklärbar sei, wenn das elektromagnetische Feld klassisch, aber die Wechselwirkung mit Zählern quantenphysikalisch beschrieben wird. Mit Glaubers (quantentheoretischen) kohärenten Zuständen ([Gl]) wird eine semiklassische Behandlung des elektromagnetischen Feldes begründet. Nach Mandl/Shaw ([Ma]) beruht Einsteins Verdienst in diesem Zusammenhang jedoch in der Klärung, dass Photonen nicht erst bei der Wechselwirkung mit geladenen Teilchen auftreten, z.B. in Zählern, der Fotozelle oder auf einer Fotoplatte, wie andere Autoren alternativ behaupteten, sondern bereits im elektromagnetischen Feld, so wie es (in der Nachfolge von Einstein) in die QED eingegangen ist.

Nebenbei gesagt, gilt nach heutiger Ansicht erst der G-R-A-Versuch von Grangier, Roger und Aspect von 1986 [Gr] als tatsächlicher Beweis für die Existenz von Photonen (Abb. 3), bei dem mit - gesichert - einzelnen Photonen bei Koinzidenz- und Interferenz-Experimenten experimentiert wird.

Das Auftreten „körniger", lokalisierter Erscheinungen wird erst experimentell bemerkt, wenn mit Ladungen wechselwirkende Felder eine Rolle spielen, z.B. bei Messungen. Das wird u.a. von der Dekohärenz-Theorie (z.B. [Zeh]) genauer begründet, die hier lediglich am Rand erwähnt wird.

Elektronen, Neutrinos und andere Elementarteilchen sind wie die Wechselwirkungsteilchen Photonen, Vektorbosonen, Gluonen oder Higgs-Teilchen Bestandteile des so genannten Standardmodells. Hier spricht man in der Regel von „Teilchen" (Quantenteilchen), aber entscheidet sich damit in der Welle-Teilchen-Problematik nicht etwa für ein Überwiegen des so genannten „Teilchencharakters", sondern macht es richtig, indem z.B. nach der kompletten und gesicherten QED bzw. QFT vorgegangen wird.

Es wird in diesem Text geklärt, warum bestimmte Anregungs-Zustände (Photonen) des elektromagnetischen Felds in der QED teilchenartig „**erscheinen**" ([Ma], [Zeh]), wobei die Problematik des so genannten Welle-Teilchen-Dualismus wiederum nicht angesprochen ist. Es geht vielmehr um ihre „Substanz" (Anzahl, Energie, Impuls, Masse, Ladung, …) und die zugehörigen Erhaltungssätze. Lokalisierbarkeit ist kein Kriterium für Photonen als Teilchen. Auch in der relativistischen Quantenmechanik, z.B. für Elektronen, hatte man diese Idee aufgeben müssen.

Nicht behandelt werden hier elektromagnetische Felder, die an Ladungen „virtuell"[3] oder real gekoppelt sind, auch in Nachweisgeräten, und der wichtige Vorgang der Dekohärenz. Insbesondere für die Wechselwirkung mit den Ladungen in Nachweisgeräten wird manchmal so etwas wie eine ortsabhängige Wellenfunktion konstruiert („photodetection probability amplitude" [Scu]), die manchmal in die Nähe einer Photonenvorstellung des Experimentators in Unterschied zu der des Theoretikers gerückt wird ([Pau]).

Dagegen ergeben sich Photonen mit einigen un-bestimmten Eigenschaften (neben be-stimmten) als Überlagerungszustände und auch „verschränkte Photonen" ganz natürlich als Anregungs-Zustände des „freien", nicht wechselwirkenden elektromagnetischen Feldes.

Aus der Sicht der QED bzw. der QFT sind auch Elektronen und Positronen „eigentlich" Anregungs-Zustände eines Felds, des Elektron-Positron-Felds (des Dirac-Felds) oder, in nichtrelativistischer Näherung, des Schrödinger-Felds. Sie werden in diesem Text nicht behandelt. Aber einige der hier besprochenen Aspekte treten auch dort auf.

1.2 Was ergibt sich daraus für die Schulphysik?

Grundlegende Schul-Experimente (stehende Wellen, Interferenz, Polarisationsexperimente, Quantenradierer oder -eraser) werden in diesem Text mit den Mitteln der QED durchgerechnet und interpretiert. Es wird gezeigt, dass sie - abgesehen von statistischen Schwankungen - bereits mit jeweils einem Photon ganz ähnlich wie die entsprechenden klassischen Experimente ablaufen. Das gilt insbesondere für einzelne Photonen an Polarisatoren. Es ist also begründet, im Schulexperiment „Grundfakten der Quantenphysik" mit Polarisatoren zu veranschaulichen (Anhang A und B).

Missverständnisse werden mit Hilfe dieser Rechnungen aufgeklärt, Konsequenzen für den Unterricht an Schulen diskutiert.

3: *Virtuelle Teilchen sind mathematische Konstrukte, die auftreten, wenn man „reale" Teilchen und Felder mit ihren Wechselwirkungen nach „freien" Zuständen entwickelt. Dass sie nicht direkt beobachtbar sind und Erhaltungssätze verletzen, macht man mit einer extrem kurzen Lebensdauer plausibel, die kurzzeitige Verletzungen des Energieerhaltungssatzes zulässt. Z.B. in Feynman-Diagrammen haben sie eine unverzichtbare Funktion bei der Beschreibung „realer" Teilchen. Mit ihrer Hilfe wird sozusagen der Fehler korrigiert, den man macht, wenn man von „nackten" wechselwirkungsfreien Teilchen ausgeht.*

2 Das freie elektromagnetische Feld

2.1 Maxwell-Gleichungen und Vektorpotenzial

In der klassischen Elektrodynamik gilt für das freie elektromagnetische Feld (ohne Kopplung an Ladungen und Ströme):

(1) div $\mathbf{E} = \nabla \cdot \mathbf{E} = 0$

(2) div $\mathbf{B} = \nabla \cdot \mathbf{B} = 0$

(3) rot $\mathbf{E} = \nabla \times \mathbf{E} = -\partial\mathbf{B}/\partial t$ (Induktionsgesetz)

(4) rot $\mathbf{B} = \nabla \times \mathbf{B} = 1/c^2\,\partial\mathbf{E}/\partial t$ („Maxwell'sche Ergänzung)

Bei sich längs des Wellenzahl-Vektors $\mathbf{k}$ ausbreitender Strahlung (elektromagnetische Wellen) ist nach (1) $\mathbf{E}$ transversal zum Wellenzahl-Vektor $\mathbf{k}$.

Statt das elektromagnetische Feld durch die zwei Vektoren $\mathbf{E}$ und $\mathbf{B}$ zu beschreiben werden das Vektorpotenzial $\mathbf{A}(\mathbf{x},t)$ und das gewöhnliche elektrostatische Potenzial Φ eingeführt mit

(5) $\mathbf{E} = -\partial\mathbf{A}/\partial t + \operatorname{grad}\Phi$ und   (6) $\mathbf{B} = \operatorname{rot}\mathbf{A} = \nabla \times \mathbf{A}$.

Für die Einheit gilt $[\mathbf{A}] = 1$ Vs/m.

Durch (5) und (6) ist $\mathbf{A}$ nicht eindeutig bestimmt. Man ist wegen der Ableitungen frei, verschiedene „Eichungen" von $\mathbf{A}$ wählen und darüber hinaus auch noch Eichtransformationen durchzuführen ohne die gemessenen Felder $\mathbf{E}$ und $\mathbf{B}$ zu verändern.

Die einfachste Eichung ist – bei Verzicht auf manifest kovariante (relativistisch invariante) Schreibweise, gut möglich für das freie elektromagnetische Feld - die Coulomb-Eichung div $\mathbf{A} = \nabla \cdot \mathbf{A} = 0$ und $\Phi = 0$. Dann ist analog (1) auch das Vektorpotenzial $\mathbf{A}$ transversal zu $\mathbf{k}$.

Wellengleichung

Aus (4) folgt

$\nabla \times \nabla \times \mathbf{A} = 1/c^2\,\partial\mathbf{E}/\partial t$ und mit

$\nabla \times \nabla \times \mathbf{A} = \nabla (\nabla \cdot \mathbf{A}) - \nabla^2 \mathbf{A}$ und $\nabla \cdot \mathbf{A} = 0$ [4]: $\nabla^2 \mathbf{A} = -1/c^2 \, \partial E/\partial t$, also

$$(7) \quad \nabla^2 \mathbf{A} - 1/c^2 \, \partial^2 \mathbf{A}/\partial t^2 = 0$$

ganz entsprechend gelten auch

$$(8) \quad \nabla^2 \mathbf{E} - 1/c^2 \, \partial^2 \mathbf{E}/\partial t^2 = 0$$

$$(8') \quad \nabla^2 \mathbf{B} - 1/c^2 \, \partial^2 \mathbf{B}/\partial t^2 = 0$$

Elektromagnetische Wellen sind eine direkte Folge der Maxwell-Gleichungen. In der QED gelten die Maxwell-Gleichungen weiter. Von ihnen ausgehend fügt die Quantisierung weitere Eigenschaften hinzu. Viele Eigenschaften werden von der klassischen Elektrodynamik an die QED „vererbt".

Für einen beliebigen Vektor $\mathbf{V}$ mit $\mathbf{V} = \mathbf{V}_0 \exp[i(\mathbf{k} \cdot \mathbf{x} - \omega \cdot t)]$ gilt, wenn $\mathbf{k} \cdot \mathbf{V}_0 = 0$ (also $\mathbf{k} \perp \mathbf{V}$), wegen $\omega = k \cdot c$

$$\mathrm{div}\, \mathbf{V} = \nabla \cdot \mathbf{V} = i\, \mathbf{k} \cdot \mathbf{V} = 0 \quad \text{und}^{[5]}$$

$$\nabla^2 \mathbf{V} = \nabla (\nabla \cdot \mathbf{V}) - (\mathbf{k} \cdot \mathbf{k})\, \mathbf{V} = -\mathbf{k}^2 \, \mathbf{V}$$

Letzteres gilt auch für $\mathbf{V} = \mathbf{V}_0 \cos(\mathbf{k} \cdot \mathbf{x} - \omega \cdot t) = \tfrac{1}{2} \mathbf{V}_0 \{\exp[i(\mathbf{k} \cdot \mathbf{x} - \omega \cdot t)] + \exp[i(\mathbf{k} \cdot \mathbf{x} - \omega \cdot t)]\}$.

Ein möglicher Ansatz zu einer Lösung der Wellengleichung (mit speziellen Rand- und Anfangsbedingungen) ist $\mathbf{A} = \mathbf{A}_0 \cos(\mathbf{k} \cdot \mathbf{x} - \omega \cdot t)$ oder auch $\mathbf{A} = \mathbf{A}_0 \cdot \sin(\mathbf{k} \cdot \mathbf{x} - \omega \cdot t)$. Er entspricht einer ebenen Welle mit dem Wellenzahl-Vektor $\mathbf{k}$. Also

$\partial \mathbf{A}/\partial t = \omega\, \mathbf{A}_0 \sin(\mathbf{k} \cdot \mathbf{x} - \omega \cdot t)$ bzw. $\partial^2 \mathbf{A}/\partial t^2 = -\omega^2 \mathbf{A}$ und auch

$\mathrm{rot}\, \mathbf{A} = \nabla \times \mathbf{A} = \mathbf{k} \times \mathbf{A}_0 \sin(\mathbf{k} \cdot \mathbf{x} - \omega \cdot t)$

$\nabla^2 \mathbf{A} - 1/c^2 \, \partial^2 \mathbf{A}/\partial t^2 = -\mathbf{k}^2 \mathbf{A} + \omega^2/c^2 \, \mathbf{A} = 0$.

Der Ansatz löst die Wellengleichung nur, wenn $\omega^2 = k^2 \cdot c^2$ oder $\omega = \pm\, k \cdot c$ ($k = |\mathbf{k}|$). Daraus ergeben sich auch Lösungen für $\mathbf{E}$ und $\mathbf{B}$. $\mathbf{k}$ wird Wellenzahl-Vektor genannt. Eine volle Periode von $\mathbf{A}$ erfordert $\mathbf{k} \cdot \mathbf{x} = 2 \cdot \pi$. Die dabei zurückgelegte Strecke eines Punktes fester Phase heißt Wellenlänge λ und es gilt $\lambda = 2\pi/k = 2\pi c/\omega$. Wenn $\omega \cdot t = 2 \cdot \pi$ vergeht eine Zeit $2 \cdot \pi/\omega$. Sie heißt oft Schwingungsdauer T. Dann gilt $\lambda = c \cdot T$.

Der Energiestromdichte-Vektor $\mathbf{S}$ ist

4:   *Kartesische Koordinaten:* $\nabla^2 A = \partial^2 A/\partial x^2 + \partial^2 A/\partial y^2 + \partial^2 A/\partial z^2 = (\partial^2/\partial x^2 + \partial^2/\partial y^2 + \partial^2/\partial z^2)\, A$

5:   $\nabla^2 V$: *siehe Fußnote 4*

$$\mathbf{S} = \mathbf{E} \times \mathbf{B}/\mu_0$$

Entsprechend der Einheit $[S] = 1$ W/m^2 misst $\mathbf{S}$ die Energie, die pro s und m^2 in Richtung von $\mathbf{S}$ transportiert wird. $\mathbf{S}$ steht senkrecht auf $\mathbf{E}$ und $\mathbf{B}$ und ist bei ebenen Wellen in Richtung des Ausbreitungsvektors (Wellenzahl-Vektors) $\mathbf{k}$ gerichtet.

Für unseren Ansatz bei einer ebenen Welle mit Wellenzahl-Vektor $\mathbf{k}$:

$$\mathbf{S_k} = - \partial\mathbf{A}/\partial t \times \nabla \times \mathbf{A}/\mu_0 = - \omega\,\mathbf{A}_0 \sin(\mathbf{k}\cdot\mathbf{x} - \omega\cdot t) \times [\,\mathbf{k} \times \mathbf{A}_0\,]\sin(\mathbf{k}\cdot\mathbf{x} - \omega\cdot t)/\mu_0$$

$$= - \omega\,\mathbf{A}_0 \times [\,\mathbf{k} \times \mathbf{A}_0\,]\sin^2(\mathbf{k}\cdot\mathbf{x} - \omega\cdot t)/\mu_0$$

$$= - \omega\,\mathbf{k}\,(\mathbf{A}_0)^2 \sin^2(\mathbf{k}\cdot\mathbf{x} - \omega\cdot t)/\mu_0$$

$$= - (\omega/c)^2\,\mathbf{c}\,(\mathbf{A}_0)^2 \sin^2(\mathbf{k}\cdot\mathbf{x} - \omega\cdot t)/\mu_0 \ ^{6}$$

$$= - \varepsilon_0\,\omega^2\,(\mathbf{A}_0)^2 \sin^2(\mathbf{k}\cdot\mathbf{x} - \omega\cdot t)\,\mathbf{c} \quad (\text{wobei } \mathbf{c} = c\,\mathbf{k}/|\mathbf{k}|\,)$$

Der Impulsdichte-Vektor: $\mathbf{g} = \mathbf{S_k}/c^2$ mit $[g] = $ kg ms^{-1}/m^3 misst den im elektromagnetischen Feld transportierten Impuls pro m^3.

Für die Energie im Feld gilt (im Vakuum):

$$H = \tfrac{1}{2} \int_V d^3x\,(\varepsilon_0\,\mathbf{E}^2 + \mu_0\,\mathbf{H}^2) = \tfrac{1}{2} \int_V d^3x\,(\varepsilon_0\,\mathbf{E}^2 + \mathbf{B}^2/\mu_0)$$

$$= \tfrac{1}{2}\,\varepsilon_0 \int_V d^3x\,(\mathbf{E}^2 + \mathbf{B}^2 c^2)$$

$$= \tfrac{1}{2}\,\varepsilon_0 \int_V d^3x\,[(\partial\mathbf{A}/\partial t)^2 + (\nabla \times \mathbf{A})^2 c^2]$$

(weil im Vakuum: $\mathbf{B} = \mu_0\,\mathbf{H}$; das Integral erfolgt über den ganzen Raum). Die Energiedichte U ist dabei

$$U = \tfrac{1}{2}\,\varepsilon_0\,(\mathbf{E}^2 + \mathbf{B}^2 c^2)\,,\ \text{also}\ U = \tfrac{1}{2}\,\varepsilon_0\,[(\partial\mathbf{A}/\partial t)^2 + (\nabla \times \mathbf{A})^2 c^2]$$

und für unseren Ansatz gilt, weil $1/(\varepsilon_0\mu_0) = c^2$:

$$U = \tfrac{1}{2}\,\varepsilon_0\,(\mathbf{A}_0)^2\,[\,\omega^2 + k^2 c^2\,]\,\sin^2(\mathbf{k}\cdot\mathbf{x} - \omega\cdot t)$$

$$= \varepsilon_0\,\omega^2\,(\mathbf{A}_0)^2 \sin^2(\mathbf{k}\cdot\mathbf{x} - \omega\cdot t)$$

Im zeitlichen Mittel folgt $\langle U\rangle = \tfrac{1}{2}\,\varepsilon_0\,\omega^2\,(\mathbf{A}_0)^2$.

Dann gilt also im Vakuum auch $\langle S\rangle = \langle U\rangle\mathbf{c}$ mit der mittleren Energiedichte $\langle U\rangle$ und der (vektoriellen) Lichtgeschwindigkeit (Phasengeschwindigkeit) $\mathbf{c}$. Bis auf den Faktor $\mathbf{c}$ und der Bedeutung sind also $\mathbf{S}$ und U in einem

---

6:   *$1/(\varepsilon_0\mu_0) = c^2$*

gewissen Maße äquivalent. [7]

Energiestromdichte **S**, Impulsdichte **g** und Energiedichte U und ihr zeitlicher Mittelwert sind proportional zum Amplitudenquadrat des Vektorpotenzials **A**. Überall tritt das Vektorpotenzial **A** auf: in den Feldern **E** und **B** und in **S**, der Impulsdichte **g** und in U, häufig sogar quadratisch [8].

In den Maxwell-Gleichungen erscheint, anders als in der Schrödinger-Gleichung, nicht das imaginäre i. Die Lösungen der Maxwell-Gleichungen müssen also reellwertig sein, die der Schrödinger-Gleichung komplexwertig[9].

7: *Z.B. für die Zweistrahl-Interferenz auf einem Schirm könnte man meinen, dass vielleicht **S** die geeignete Größe wäre. Sie verhält sich aber cum grano salis ähnlich wie U und die Quadrate von **A**, **E** oder **B**.*

8: *[A] =1 Vs/m*

9: *Wenn man sich auf stationäre Lösungen der Schrödinger-Gleichung beschränkt, bei denen die Energie konstanter Eigenwert E ist, kann man einen komplexwertigen Exponentialfaktor abspalten. Der verbleibende Teil der komplexwertigen Wellenfunktion kann dann reellwertig sein, worauf man sich der Schule beschränkt („zeitunabhängige Schrödinger-Gleichung").*

2.2 Ebene Wellen klassisch

2.2.1 Entwicklung nach ebenen Wellen, allgemeiner Fall

Das Vektorpotenzial wird zerlegt nach ebenen Wellen mit den Wellenzahl-Vektoren $\mathbf{k}$ und Polarisationsvektoren ε_{ks} , die durch die „Polarisationszahl" s unterschieden werden (s = 1, 2). Beide stehen senkrecht aufeinander und senkrecht zum jeweiligen Wellenzahl-Vektor $\mathbf{k}$:

$$\mathbf{A}(x,t) = \Sigma_k\Sigma_s \, f \, \varepsilon_{ks} \, \{a_{ks} \exp[i(\mathbf{k}\cdot\mathbf{x}-\omega\cdot t)] + a^+_{ks} \exp[-i(\mathbf{k}\cdot\mathbf{x}-\omega\cdot t)] \quad \text{mit} \; f = [\hbar/(2\varepsilon_0 V\omega_k)]^{1/2}$$

f und A haben die gleiche Einheit: [f] = [A] = 1 Vs/m. Die übrigen Größen in der Entwicklung sind dimensionslos[10].

Zugrundegelegt sind so genannte **periodische Randbedingungen**, d.h. das Vektorpotenzial wird eingepasst in eine periodische Reihe sehr großer Abschnitte, die jeweils eine würfelförmige Schachtel mit der Seitenlänge L und dem Volumen $V = L^3$ darstellen. Die Seitenwände sollen ideal elektrisch leitend sein. Ganze Wellenlängen λ_i sollen für jede Koordinatenrichtung (i = 1,2,3) so eingepasst sein, dass sich nach jedem L das Geschehen wiederholt:

$$A(0,y,z,t) = A(L,y,z,t) \, , \qquad A(x,0,z,t) = A(x,L,z,t) \, , \qquad A(x,y,0,t) = A(x,y,L,t)$$

Das wird erreicht durch $n_i \, \lambda_i = L$ (i = 1, 2, 3; n_i = 0, ±1, ±2, ...), also $\lambda_i = L/n_i$. Die zugehörigen Wellenzahlen sind dann $k_i = 2\pi/\lambda_i = n_i \, 2\pi/L$.

Die Wellenzahlen k_i sind die Koordinaten des Wellenzahl-Vektors $\mathbf{k} = (k_1, k_2, k_3)$. Nur über diese erlaubten Werte k geht die Summe, außerdem über die beiden orthogonalen Polarisationsrichtungen.

a_{ks} und a^+_{ks} sind dabei zunächst Entwicklungskoeffizienten ohne Benennung, hier also zueinander konjugiert komplexe Zahlen. Trotz der komplexen Schreibweise ist $\mathbf{A}$ reell. Jeder Wellenzahl-Vektor $\mathbf{k}$ und jede Polarisations-

---

10: *Mit den komplexen Zahlen $a = |a| \, exp(i\theta)$ und $a^+ = |a| \, exp(-i\theta)$ gilt: $\mathbf{A}(x,t) = \Sigma_k\Sigma_s \, A_{0,ks} \, cos(\mathbf{k}\cdot\mathbf{x}-\omega\cdot t+\theta)$ und $E = - \Sigma_k\Sigma_s \, \omega A_{0,ks} \cdot sin(\mathbf{k}\cdot\mathbf{x}-\omega\cdot t+\theta)$ wobei $A_{0,ks} = 2 \, f \, |a_{ks}| \, \varepsilon_{ks} = 2 \, [\hbar/(2\varepsilon_0 V\omega_k)]^{1/2}|a_{ks}| \, \varepsilon_{ks}$. Später sind dann auch die Operatoren a und a^+ dimensionslos.*

zahl s unterscheidet eine Mode des elektromagnetischen Felds.

Wir beschränken uns hier auf eine monochromatische ebene Welle, also auf einen Anteil von **A** mit festem **k** und s (single-mode-Anteil):

$\mathbf{A}_{ks}(\mathbf{x},t) = f\, \varepsilon_{ks}\ \{\ a_{ks}\exp[i(\mathbf{k}\cdot\mathbf{x}-\omega\cdot t)] + a^+_{ks}\exp[-i(\mathbf{k}\cdot\mathbf{x}-\omega\cdot t)]\ \}$

$\mathbf{A'}_{ks}(\mathbf{x},t) = f\, \varepsilon_{ks}\ \{\ a_{ks}\exp[i(\mathbf{k}\cdot\mathbf{x}-\omega\cdot t+\varphi)] + a^+_{ks}\exp[-i(\mathbf{k}\cdot\mathbf{x}-\omega\cdot t+\varphi)]\ \}$

Warum hier eine zweite Lösung mit einem Phasenunterschied φ eingeführt wurde, wird in Kap. 2.2.2 klar.

Daraus erhalten Sie die Felder   (k hier Zusammenfassung von **k** und s):

$\mathbf{E}_{ks} = \mathbf{E}_k = - \partial\mathbf{A}_k(\mathbf{x},t)/\partial t =\ i\,\omega\, f\, \varepsilon_k\ \{a_k\exp[i(\mathbf{k}\cdot\mathbf{x}-\omega\cdot t)] - a^+_k\exp[-i(\mathbf{k}\cdot\mathbf{x}-\omega\cdot t)]\ \}$

$\mathbf{B}_{ks} = \mathbf{B}_k = \nabla\times\mathbf{A}_k =\ i\, f\,\mathbf{k}\times\varepsilon_k\ \{a_k\exp[i(\mathbf{k}\cdot\mathbf{x}-\omega\cdot t)] - a^+_k\exp[-i(\mathbf{k}\cdot\mathbf{x}-\omega\cdot t)]\} = \mathbf{k}/\omega\times\mathbf{E}_k$

$\mathbf{E}_{ks}$ und $\mathbf{B}_{ks}$ sind offenbar gleichphasig. $\mathbf{B}_{ks}$ steht senkrecht auf $\mathbf{E}_{ks}$ und **k**. Wenn im kartesischen Koordinatensystem **k** $= (0,0,1)$ ist, und damit auch die Ausbreitungsrichtung, und wenn die elektrische Feldstärke **E** in Richtung ε_{k1} zeigt, könnten $\varepsilon_{k1} = (1,0,0)$ und $\varepsilon_{k2} = (0,1,0)$ eine geeignete Basis für die Polarisations-Vektoren sein. Die magnetische Feldstärke wäre dann in Richtung ε_{k2} orientiert.

2.2.2   Klassische Welleninterferenz gleichfrequenter und gleich polarisierter Wellen

Zwei ebene Wellen gleicher Frequenz und gleicher Amplitude A_0 und mit gleichem Wellenzahl-Vektor **k** und gleicher Polarisation(szahl) s, aber mit einer Phasenverschiebung φ zueinander, werden überlagert.

φ könnte entstehen, indem von 2 gleich gerichteten ebenen Wellenstrahlen einer durch ein Medium hindurch tritt, oder beim Doppelspalt durch einen Wegunterschied zwischen 2 leicht abgelenkten Wellenstrahlen.

Es gilt mit $a = |a|\exp(i\theta)$ und $a^+ = |a|\exp(-i\theta)$, wobei θ ein beliebiger Phasenwinkel ist:

$(\mathbf{A}+\mathbf{A'}) = 2f\,|a|\,\varepsilon_k\ \{\ \cos(\mathbf{k}\cdot\mathbf{x}-\omega\cdot t+\theta) + \cos(\mathbf{k}\cdot\mathbf{x}-\omega\cdot t+\varphi+\theta)\}$

$(\mathbf{A}+\mathbf{A'}) = 4f\,|a|\,\varepsilon_k\cos(\mathbf{k}\cdot\mathbf{x}-\omega\cdot t+\varphi/2+\theta)\cos(\varphi/2)$, also

$(A+A')^2 = 16\,f^2\,|a|\;\varepsilon_k\cos^2(\varphi/2)\,\cos^2[\mathbf{k}\cdot\mathbf{x}-\omega\cdot t+\varphi/2+\theta]$

Ein ähnliches Ergebnis hätte man für $(\mathbf{E}+\mathbf{E}')^2$ und $(\mathbf{B}+\mathbf{B}')^2$ erzielen können. Die Amplituden unterscheiden sich, die Abhängigkeit von $\mathbf{x}$, t und φ nicht. Geht es nur um sie, genügt eine der Größen. Die Quadrate als Maß für die Energiedichte an einem festen Ort x (z.B. des Bildschirms) ändern sich schnell mit der Zeit. Die Amplitude entspricht der 4-fachen Amplitude einer Welle, weil sich 2 Wellen überlagern, deren „Summe" quadriert wird. [11]

Wenn $\varphi/2 = n\cdot\pi$ entstehen maximale zeitliche Amplituden-Schwankungen (Maxima), wenn $\varphi/2 = \pi/2 + n\cdot\pi$ (n = 0,1,2, ...) Minima mit Amplitude 0.

Im zeitlichen Mittel über eine Periode gilt $\langle(A+A')^2\rangle = 8f^2\,|a|\,\cos^2(\varphi/2)$. Die Beziehung beschreibt die **Wellen-Interferenz**. Entsprechend verändert sich die Energiedichte U im Interferenzbild mit dem Phasenunterschied φ. (Vgl. S.14). Durch $|a|$ kann die Amplitude klassisch beliebige Werte annehmen.

2.2.3 Energiedichte U und Energiestromdichte-Vektor S - klassisch

$U = \tfrac{1}{2}\,[\,\varepsilon_0\,\mathbf{E}^2 + \mathbf{B}^2/\mu_0\,] = \varepsilon_0\,[\,\mathbf{E}^2 + c^2\mathbf{B}^2\,]$

und ausgedrückt durch das Vektorpotenzial $\mathbf{A}$:

$U = \tfrac{1}{2}\,[\,\varepsilon_0\,(\partial\mathbf{A}/\partial t)^2 + c^2\,(\mathbf{\nabla}\times\mathbf{A})^2\,]$ und

$\mathbf{S} = \mathbf{E}\times\mathbf{B}/\mu_0 = \mathbf{E}\times\mathbf{\nabla}\times\mathbf{A}\;/\mu_0 = -\,\partial\mathbf{A}/\partial t\times\mathbf{\nabla}\times\mathbf{A}\;/\mu_0$

für eine ebene transversale Welle mit Wellenzahl-Vektor $\mathbf{k}$ also:

$\mathbf{S}_k = \mathbf{E}\times\mathbf{k}\times\mathbf{A}/\mu_0 = [(\mathbf{E}\cdot\mathbf{A})\,\mathbf{k} - (\mathbf{E}\cdot\mathbf{k})\,\mathbf{A}]/\mu_0 = (\mathbf{E}\cdot\mathbf{A})\,\mathbf{k}/\mu_0$,

da bei einer ebenen Welle $\mathbf{E}$ transversal zu $\mathbf{k}$ ist $(\mathbf{E}\cdot\mathbf{k} = 0)$,

oder symbolisch $\mathbf{S}_k = -\,\omega\,\mathbf{k}\,(\mathbf{A}^-\cdot\mathbf{A}^+)/\mu_0$, wobei die Vorzeichen sich auf die Teilsummen mit den Entwicklungskoeffizienten a und a^+ in $\mathbf{A}$ beziehen. In der ausmultiplizierten Summe von $\mathbf{A}^-\cdot\mathbf{A}^+$ werden wieder viele Produkte vom Typ aa^+ oder a^+a vorkommen, genauso wie in $\mathbf{A}^2$, $\mathbf{E}^2$ oder $\mathbf{B}^2$.

11: *Wegen exp(ix) + exp(-ix) = 2 cos(x) , quadriert: 4 cos²(x), bei einer einfachen Welle ohne Interferenz.*

2.2.4 Stehende Wellen im Hohlraum-Resonator - klassisch: Einpassen halber Wellenlängen

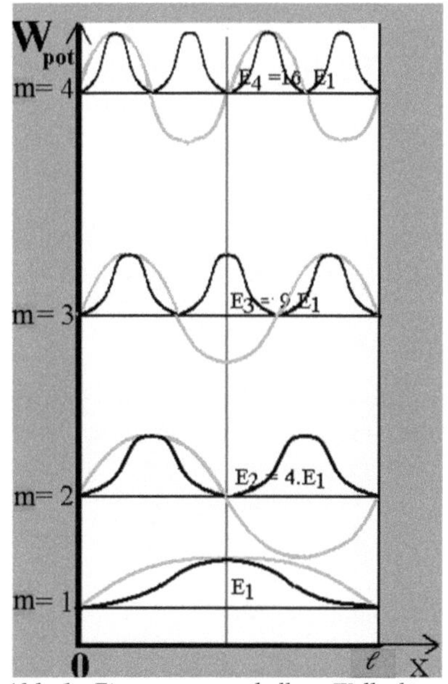

Abb. 1: Einpassen von halben Wellenlängen (grau) in einen eindimensionalen Resonator der Länge ℓ und zugehörige normierte Wahrscheinlichkeitsdichte bei 1 Elektron. m nummeriert hier die möglichen Wellenlängen durch. Jeder dieser Zustände kann mit höchstens einem Elektron besetzt sein. Die Energien hängen quadratisch von 1/λ bzw. m ab.

Das ähnelt stehenden Wellen bei Photonen. Dagegen wächst die Energie von Einphotonen-Zuständen linear mit 1/λ: $E_m = \hbar\omega = \hbar c/\lambda = (\hbar c/2\ell) \cdot m$ (m = 1, 2, 3, …). Zudem kann jeder Zustand mit beliebig vielen Photonen (n) besetzt sein.

Ein Hohlraum-Resonator ist im einfachsten Fall eine würfelförmige Schachtel mit ideal leitenden Wänden, zwischen denen klassische elektromagnetische Wellen eingeschlossen sind, die möglichst verlustlos hin und her reflektiert werden. Klassisch erhält man Eigenschwingungen, wenn man in jede Dimension der Länge ℓ ein ganzzahliges Vielfache der halben Wellenlänge[12] λ einpasst, wenn sich also stehende Wellen ausbilden können. Irgendwie sollen Eigenschwingungen zustande kommen, z.B. kann durch eine äußere Wechselspannung geeigneter Frequenz eine elektromagnetische Hohlraumschwingung angeregt werden. Bei guter Übereinstimmung zwischen Eigenfrequenz und Erregerfrequenz entsteht Resonanz mit Eigenschwingungen hoher Amplitude.

Versuchen Sie einen Ansatz für **A** bei **k** in x-Richtung; beschränken Sie sich auf Eigenschwingungen mit Wellenzahl-Vektoren **k** senkrecht zu zwei Gegenwänden im Abstand ℓ:

12: *Hier soll ℓ << L sein. Aus den Wellenlängen der periodischen Randbedingungen werden Wellenlängen ausgewählt, die in den Hohlraum-Resonator passen. Die längste Wellenlänge dabei ist sehr viel kleiner als die längste von den periodischen Randbedingungen her.*

$A(x,t) = A_0 \sin(\omega \cdot t) \sin(k \cdot x)$ [13] $A_0 = 2f\,|a|$
Es folgt

$\partial A /\partial t = A_0\,\omega \cos(\omega \cdot t) \sin(k \cdot x)$ und

$\partial^2 A/\partial t^2 = -A_0\,\omega^2 \sin(\omega \cdot t) \sin(k \cdot x) = \omega^2\,A(x,t)$

$\partial A/\partial x = A_0\,k \sin(\omega \cdot t) \cos(k \cdot x)$ und $\partial^2 A/\partial x^2 = -A_0\,k^2 \sin(\omega \cdot t) \sin(k \cdot x)$,   also

$\partial^2 A/\partial x^2 = -k^2 A = -(\omega/c)^2\,A$

Die Wellengleichung ist also erfüllt, wenn

$\omega^2/c^2 = k^2$ bzw. $\omega = k \cdot c$

Der Ansatz ist für einen Hohlraum-Resonator der Länge ℓ [14] (in x-Richtung) so gewählt, dass $A(0,t) = A(\ell,t) = 0$. Dann lassen sich m halbe Wellenlängen einpassen, wenn $m \cdot \lambda/2 = \ell$ ($m = \pm 1, \pm 2, \pm 3, \ldots$; $k = 2\pi/\lambda = 2\pi \cdot m/2\ell$). Knoten entstehen dort, wo $\sin(k \cdot x) = 0$, dazwischen Maxima.

$E = -\partial A/\partial t = -A_0\,\omega \cos(\omega \cdot t) \cdot \sin(k \cdot x)$ verschwindet dann ebenfalls an gegenüberliegenden Wänden des Resonators, wie es bei ideal leitenden Wänden der Fall sein muss. E und A sind (zeitlich phasenverschoben) parallel, beide senkrecht zu k.

Dagegen immer noch mit $A = A_0 \sin(\omega \cdot t) \cdot \sin(k \cdot x)$:

$B = \nabla \times A = \sin(\omega \cdot t) \cdot \sin(k \cdot x) \cdot \nabla \times A_0 - A_0 \times \nabla [\sin(\omega \cdot t) \cdot \sin(k \cdot x)]$

$= -A_0 \sin(\omega \cdot t) \times \nabla \times \sin(k \cdot x)$

$= -A_0 \sin(\omega \cdot t) \times k \cos(k \cdot x)$

$= (k \times A_0) \sin(\omega \cdot t) \cdot \cos(k \cdot x)$

B steht senkrecht auf A (A gleichgerichtet mit E) und k. B hat an den Wänden zeitweilig seinen Extremwert, wie es sein muss, damit elektrische Ströme in der Wand zu allen Zeiten E auf 0 halten können.

Vielleicht ist Ihnen der Umgang mit dem Vektorpotenzial A jetzt etwas geläufiger geworden?

Wenn sich m halbe Wellenlängen in den Hohlraum-Resonator einpassen lassen ($\lambda = 2\ell/m$, $m = 1, 2, 3, \ldots$ also $E_m = \hbar \cdot \omega_m = (\hbar c/2\ell) \cdot m$, ist der Hohlraum in Resonanz zu einer äußeren Quelle gleicher Frequenz $\omega_m = (c/2\ell) \cdot m$

---

[13]: *Der Ansatz mit $\sin(\omega \cdot t) \cdot \sin(k \cdot x)$ ergibt sich wegen ½ $[\cos(k \cdot x - \omega \cdot t) - \cos(k \cdot x + \omega \cdot t)] = \sin(\omega \cdot t) \cdot \sin(k \cdot x)$ als Folge zweier gegenläufiger Wellen.*

[14]: *ℓ im Unterschied zu L bei den periodischen Randbedingungen.*

und nimmt besonders viel Energie von ihr auf. Passt die Erregerfrequenz nicht zu einer der Eigenfrequenzen ω_m des Hohlraums, kann das elektromagnetische Feld im Hohlraum höchstens mit kleiner Amplitude schwingen.

3 Quantisierung des elektromagnetischen Felds

3.1 Ein Exkurs zur Quantenmechanik

Messgrößen werden in der Quantentheorie durch bestimmte Operatoren, so genannte „Observablen" ausgedrückt. Bei einer Messung liefert eine Observable A immer einen der möglichen reellen Eigenwerte a mit der zugehörigen Eigenfunktion. Führt man an einem Eigenzustand die Messung von A mehrmals hintereinander durch, so reproduziert sich der Messwert a, jedenfalls, wenn in der Zwischenzeit kein Eingriff von außen erfolgt. Dann kann man also sagen, dass der Operator A den Eigenwert a als Eigenschaft *hat*. Die Eigenschaft ist dann be-stimmt. Würden mehrfache Messungen, immer ausgehend von demselben Zustand, streuende Messwerte liefern, dann wäre die zugehörige Eigenschaft un-bestimmt.

Operatoren sind sozusagen „Container" für alle damit zusammenhängenden Informationen, sei es zu Prozessen mit den zugehörigen Wahrscheinlichkeiten, zu Messwerten, Erwartungswerten oder Übergangswahrscheinlichkeiten zwischen verschiedenen Zuständen. Alles ist bereits in den Operatoren angelegt. Erst, wenn ein Operator auf einen bestimmten Zustand angewandt wird, kann man einen Teil dieser Informationen „herausholen".

Seien A und B zwei Observable, z.B. für Ort x und Impulskoordinate p_x eines Elektrons. Dann sind i.A. beide Größen nicht gleichzeitig be-stimmt, was sich darin formal ausdrückt, dass die beiden Operatoren nicht vertauschbar sind. Es gilt z.B. für gleichgerichtete Koordinaten

$$[x,p_x] = x \cdot p_x - p_x \cdot x = i\hbar$$

Wird erst eine Impulsmessung durchgeführt (Operator p_x), dann eine Ortsmessung (Operator x), so erhält man ein anderes Ergebnis als bei umgekehrter Reihenfolge. Daraus kann gefolgert werden, dass das beschriebene Quantenobjekt nicht zugleich die Eigenschaften Ortskoordinate x und gleichgerichtete Impulskoordinate p_x haben kann. Daraus lässt sich, auch im allgemeinen Fall nicht vertauschbarer Operatoren, sogar eine Heisenberg'sche Un-bestimmtheitsrelation (HUR) für A und B (bzw. x und p_x) herleiten. So drückt sich also in den Vertauschungsrelationen der Kern der Quantisierung aus. Vertauschen jedoch die beiden Observablen ([A,B] = 0), dann kann das Quantenobjekt zugleich die Eigenschaften a (bzgl. A) und b (bzgl. B) haben, z.B.

$$[x, p_y] = 0$$

Die beiden Operatoren sind dann „kompatibel". A und B können jetzt gemeinsame Eigenfunktionen haben; eine Messung von A und eine Messung von B „stören sich" nicht gegenseitig: Wenn in einer ersten Messung (bzgl. A) a gemessen wird, in einer zweiten (bzgl. B) b, dann liefert eine dritte Messung von A wiederum den unveränderten Wert a. Im allgemeinen dagegen wird man bei der dritten Messung ein von a verschiedenes Ergebnis erhalten. Das bedeutet es, wenn man sagt, die Messung von B „störe" die anfängliche Messung von A. Das muss nicht unbedingt eine mechanische Störung sein. In der klassischen Physik kommt es auf die Reihenfolge der Messungen nicht an. Objekte haben dann beide Eigenschaften zugleich; Messungen haben im Idealfall keinen Einfluss auf sie. „Klassische Messgrößen vertauschen immer." Nicht vertauschbare Observable heißen komplementär. Für sie gibt es eine Un-bestimmtheitsrelation.

Zustände (Vektoren des Hilbert-Raums) werden im Folgenden in der Dirac'schen Schreibweise verwendet: |k>, |g>, wobei k und g Sätze von Quantenzahlen sind, oder auch |1> oder |k,-k> mit der Teilchenzahl 1 oder 2. Beispiele von Vektoren (Zustände) im *dualen* Raum sind <g| <k| <1| <k,-k|. Sie werden eingesetzt, um Skalarprodukte auszudrücken und zu berechnen.

Das Skalarprodukt <g|k> beschreibt die Wahrscheinlichkeitsamplitude für die Wahrscheinlichkeit, in einer Messung den Zustand |g> zu finden, wenn man weiß, dass sich das System im Zustand |k> befindet. Für diesen Text ist es unerheblich, wie solche Skalarprodukte allgemein berechnet werden. Wir verwenden dazu fast immer die Vertauschungsrelationen und führen sie damit auf bekannte Skalarprodukte zurück.

Dann ist bei einer Messung die Wahrscheinlichkeit für das Ergebnis |g> das Betragsquadrat der Wahrscheinlichkeitsamplitude: $|<g|k>|^2$.

Die Wurzel aus dem Skalarprodukt eines Zustands mit sich selbst wird Norm genannt: $\sqrt{<g|g>}$ oder $\sqrt{<k|k>}$. Ein Zustand |k> wird normiert durch $|k>/\sqrt{<k|k>}$. Die Norm dieses neuen Zustands ist dann 1. Dem entspricht auch die Wahrscheinlichkeit (Betragsquadrat !), bei einer Messung den Zustand |k> zu finden, wenn man weiß, dass das System im Zustand |k> ist.

3.2 Das freie elektromagnetische Feld in der Quantenelektrodynamik

In diesem Kapitel wird gezeigt, wie sich die Quantisierung des Vektorpotenzials auf andere Operator-Felder (**E** und **B**) und auf die Energiedichte U und den Energie-Operator (Hamilton-Operator) auswirkt. Sie erkennen, dass für single-mode-Zustände (monochromatische ebene Wellen) die Erwartungswerte der Quadrate von **A**, **E** und **B** und die Energiedichte U bis auf Zahlenfaktoren übereinstimmen.

Während in der klassischen Elektrodynamik (z.B. Kap. 2.1) die Entwicklungskoeffizienten a_{ks} und a^+_{ks} (des Vektorpotenzials **A** und der Felder **E** und **B**), komplexe Zahlen sind, werden sie in der QED zu Operatoren, die aber keine Observablen sind, also i.A. keine reellen, messbaren Eigenwerte haben. Die Quantisierung wird durchgeführt mittels Vertauschungsrelationen für die Entwicklungskoeffizienten a_k und a^+_k. k, k' sind Sätze von Quantenzahlen, hier meistens Wellenzahl-Vektor **k** und Polarisation s (insgesamt also 4 Quantenzahlen). k soll sowohl **k** als auch s enthalten. Erfahrungen mit dem harmonischen Oszillator und vernünftige Folgerungen dort aus den Vertauschungsrelationen legen folgenden Ansatz nahe. Es soll gelten:

(1) $\qquad [a_k, a_{k'}]_- = [a^+_k, a^+_{k'}]_- = 0 \qquad [a_k, a^+_{k'}]_- = \delta_{kk'}$

$\qquad\qquad (\delta_{kk'} = 1,$ wenn $k = k'$; $\delta_{kk'} = 0$ sonst$)$

Im letzten Fall vertauschen die Operatoren nur dann nicht, wenn die Quantenzahlen gleich sind. Alle übrigen a-Operatoren vertauschen immer.

Die Vertauschungsrelation $[a_k, a^+_{k'}]_- = a_k a^+_{k'} - a^+_{k'} a_k = \delta_{kk'}$ hätte auch mit + eingeführt werden können, wie es für Fermionen sinnvoll ist. Erfahrungsgemäß folgen aus dem „Minus-Kommutator", mit dem allein wir hier arbeiten wollen, dass z.B. ein Zustand mit einheitlichem **k** mehrfach besetzt sein kann (Besetzungszahl n auch > 1), dass es sich um ein Boson handelt, auch (hier nicht näher ausgeführt), dass der zugehörige Anregungs-Zustand mit dem Namen „Photon" einen ganzzahligen Spin hat.

Mit $a_k \cdot a^+_{k'} = a^+_{k'} \cdot a_k + \delta_{kk'}$ wird in komplexeren Produkten der Operator a_k „nach rechts geschoben", evtl. schrittweise mehrfach.

Also auch $\quad a^+_{k'} \cdot a_k = a_k \cdot a^+_{k'} - \delta_{kk'}$.

Hier wird der Operator a_k „nach links geschoben".

Sonst gilt $a_k \cdot a^+_{k'} = a^+_{k'} \cdot a_k$ (falls $k \neq k'$): a-Operatoren mit unterschiedlichen Quantenzahlen sind vertauschbar.

Weil $\mathbf{A(x,t)}$, $\mathbf{E(x,t)}$ oder $\mathbf{B(x,t)}$ durch den Quantisierungsvorgang aus den klassischen Feldern entstanden sind, behalten sie ihren Namen bei, müssen aber jetzt als Operatoren gedeutet werden und heißen deshalb Operator des Vektorpotenzials oder des elektrischen bzw. magnetischen Felds [15]. Als Operatoren sind sie nicht messbar. Messbar sind dagegen Erwartungswerte bzgl. geeigneter Zustände (es gibt auch noch andere „Matrixelemente").

Wir gehen also wieder aus von der Entwicklung des Vektorpotenzials $\mathbf{A}$ nach ebenen Wellen:

$$\mathbf{A(x,t)} = \Sigma_{k,s} [\hbar/(2\varepsilon_0 V\omega_k)]^{1/2}\, \mathbf{\varepsilon_{ks}}\; \{\, a_{ks} \exp[i(\mathbf{k \cdot x}-\omega \cdot t)] + a^+_{ks} \exp[-i(\mathbf{k \cdot x}-\omega \cdot t)]\, \}$$

und mit $f = [\hbar/(2\varepsilon_0 V\omega_k)]^{1/2}$, also

$$\mathbf{A(x,t)} = \Sigma_{k,s}\, f\, \mathbf{\varepsilon_{ks}}\; \{\, a_{ks} \exp[i(\mathbf{k \cdot x}-\omega \cdot t)] + a^+_{ks} \exp[-i(\mathbf{k \cdot x}-\omega \cdot t)]\, \}$$

$\mathbf{\varepsilon_{ks}}$ ist der Polarisationsvektor mit der Polarisationszahl s. Der Faktor f ist so gewählt, dass die a-Operatoren dimensionslos sind. Periodische Randbedingungen legen wieder fest, welche Wellenzahl-Vektoren $\mathbf{k}$ in der Summe vorkommen. Die Entwicklung erfolgt nach einem willkürlichen, aber vollständigen Satz von Einteilchen-Zuständen (einer Basis). Bzgl. dieser Basis sind Eigenschaften dieser Zustände be-stimmt. Bzgl. einer anderen Basis können Eigenschaften dieser selben Zustände jedoch un-bestimmt sein. Man hätte die Entwicklung aber auch bzgl. einer anderen Basis durchführen können, bzgl. der die Einteilchen-Zustände andere, aber ebenfalls be-stimmte Eigenschaften hätten. Der zentrale Begriff der „Be-stimmtheit" bzw. „Unbestimmtheit" wird uns noch öfter begegnen. In der Regel kommen in diesem Text die Exponentialfaktoren in zwei Varianten vor, die abgekürzt werden durch $e^+ = \exp[i(\mathbf{k \cdot x}-\omega \cdot t)]$ und $e^- = \exp[-i(\mathbf{k \cdot x}-\omega \cdot t)]$.

Es gilt:

$$\mathbf{E} = -\,\partial \mathbf{A}/\partial t = \Sigma_{k,s}\, i\omega_k\, f\, \mathbf{\varepsilon_{ks}}\; \{\, a_k\, e^+ - a^+_k\, e^-\, \}$$

$$\mathbf{E} = \Sigma_{k,s} \mathbf{E_{ks}} \quad \text{mit dem elektrischen „single-mode-Feld"}$$

15: *Das (Quanten-)Feld darf also nicht mit dem klassischen Feld verwechselt werden. Dennoch nenne ich in diesem Text die Operatoren* **E** *und* **B** *häufig einfach elektrisches und magnetisches Feld. Andere Autoren markieren Operatoren mit einem besonderen Zeichen, worauf ich verzichte.*

$$\mathbf{E}_{ks} = i\, f\, \omega_k\, \boldsymbol{\varepsilon}_{ks} \{ a_k\, e^+ - a^+_k\, e^- \}$$

und für das **B**-Feld $\mathbf{B} = \nabla \times \mathbf{A} = \mathrm{rot}\,\mathbf{A}$ wegen

$$\mathrm{rot}\,[\boldsymbol{\varepsilon}_{ks} \{ a_k\, e^+ + a^+_k\, e^- \}] = \mathrm{rot}\,\boldsymbol{\varepsilon}_{ks} \{ a_k\, e^+ + a^+_k\, e^- \} - \boldsymbol{\varepsilon}_{ks} \times \mathrm{grad} \{ a_k\, e^+ + a^+_k\, e^- \}$$

$$= -\,\boldsymbol{\varepsilon}_{ks} \times \mathrm{grad} \{ a_k\, e^+ + a^+_k\, e^- \}$$

$$= -\, i\, \boldsymbol{\varepsilon}_{ks} \times \mathbf{k} \{ a_k\, e^+ - a^+_k\, e^- \}$$

$$\mathbf{B} = \nabla \times \mathbf{A} = \Sigma_{k,s}\, i\, f\, \mathbf{k} \times \boldsymbol{\varepsilon}_{ks} \{ a_k\, e^+ - a^+_k\, e^- \} =$$

$$\mathbf{B} = \Sigma_{k,s}\, \mathbf{k}/\omega_k \times \mathbf{E}_{ks}$$

wieder mit dem magnetischen „single-mode-Feld" $\mathbf{B}_{ks} = \mathbf{k}/\omega_k \times \mathbf{E}_{ks}$, das wegen $\mathbf{k} \times \boldsymbol{\varepsilon}_{ks}$ senkrecht zu $\mathbf{k}$ und $\mathbf{E}_{ks}$ gerichtet ist.

3.4 Einige wichtige Folgerungen aus den Vertauschungsrelationen

Hier gewinnen Sie Geläufigkeit im Umgang mit den Erzeugungs- und Vernichtungsoperatoren.

Im Folgenden kennzeichnet z.B. k wieder einen Satz von 4 Quantenzahlen: den Wellenzahl-Vektor **k** und die Polarisation s. Es gelten die Vertauschungsrelationen

$$[a^+_k, a^+_{k'}] = 0 \quad [a^+_k, a^+_{k'}] = 0 \quad [a_k, a^+_{k'}] = \delta_{kk'} = \delta_{kk'}\,\delta_{ss'}$$

also

    (1) $a_k\, i\, a^+_{k'} = a^+_{k'}\, i\, a_k + \delta_{kk'}$ bzw.

    (2) $a^+_{k'}\, i\, a_k = a_k\, i\, a^+_{k'} - \delta_{kk'}$

(1) benutzen wir zum Rechtsschieben des Operators a, (2) zum Linksschieben. Für nachfolgende Rechnungen bereiten wir mit den Vertauschungsrelationen auch noch einige Zustände vor, die durch Anwendung auf den Vakuumzustand $|0\rangle$ entstehen:

$a_g\, a^+_k\, a^+_{k'}\, |0\rangle = [a^+_{k'}\, \delta_{gk} + a^+_k\, \delta_{gk'}]\, |0\rangle$ bzw. der entsprechende duale Ausdruck (umgekehrte Reihenfolge und konjugiert komplex):

$\langle 0| \; a_{k'} \, a_k \, a^+_g \; = \; \langle 0| \; [a_{k'} \; \delta_{gk} + a_k \, \delta_{gk'}]$

und

$a^+_g \, a_g \, a^+_k \, a^+_{k'} \; |0\rangle \; = a^+_g \, [a^+_{k'} \; \delta_{gk} + a^+_k \, \delta_{gk'}] \; |0\rangle$

Wenn k' = k:

$a^+_g \, a_g \, a^+_k \, a^+_k \; |0\rangle \; = a^+_g \, [a^+_k \, \delta_{gk} + a^+_k \, \delta_{gk}] \; |0\rangle = 2 \cdot a^+_k \, a^+_k \; |0\rangle.$

Es zeigt sich, wie Sie später genauer sehen werden, dass $a^+_g \, a_g = n_g$ der Teilchenzahl-Operator ist, der hier den Eigenwert 2 liefert. Sie werden sehen, dass er zur Photonenzahl 2 gehört.

Die Operatoren a_k und a^+_k heißen Leiteroperatoren, weil sie von Stufe zu Stufe (jeweils weiterer Faktor a_k bzw. a^+_k) die Teilchenzahl um 1 erniedrigen oder erhöhen. Der Operator a^+_k erhöht die Teilchenzahl um 1 und gilt deshalb als Erzeugungsoperator. Ausgehend vom Vakuum-Zustand $|0\rangle$ „mit der Teilchenzahl 0" erhält man also durch $a^+_k \, |0\rangle$ einen Zustand mit der Teilchenzahl 1, einen Einteilchen-Zustand, durch $a^+_k \, a^+_k \, |0\rangle = (a^+_k)^2 \, |0\rangle$ einen speziellen Zustand mit der Teilchenzahl 2. Der Operator a_k gilt als Vernichtungsoperator, weil er die Teilchenzahl um 1 erniedrigt. Ausgehend vom Einphotonen-Zustand $a^+_k \, |0\rangle$ erhält man durch $a_k \, a^+_k \, |0\rangle$ den Vakuum-Zustand $|0\rangle$ mit der Teilchenzahl 0: $a_k \, a^+_k \, |0\rangle = |0\rangle$. Stimmen die Quantenzahl der beiden Operatoren nicht überein (k ≠ k'), erhält man $a_k \, a^+_{k'} \, |0\rangle = 0$ ì $|0\rangle$, weil kein Teilchen mit der Quantenzahl k vorhanden ist, das man mit a_k „vernichten" könnte. Mit

$(a^+_k \, a_k) \, a^+_k |0\rangle = \; a^+_k \, a^+_k \, a_k |0\rangle + \; \delta_{kk} \, a^+_k |0\rangle = 0 + \; a^+_k |0\rangle = 1 \cdot a^+_k |0\rangle$

hat man einen Operator $n_k = a^+_k \, a_k$, konstruiert, der u.a. - wie hier - den Eigenwert 1 hat.

Mit $n_k \, a^+_k \, a^+_k |0\rangle \; = (a^+_k \, a_k) \, a^+_k \, a^+_k |0\rangle = \; a^+_k \, a^+_k \, a_k \, a^+_k |0\rangle + \; \delta_{kk} \, a^+_k \, a^+_k |0\rangle$

$= a^+_k \, a^+_k \, a_k \, a^+_k |0\rangle + \; a^+_k \, a^+_k |0\rangle + 1 \cdot a^+_k \, a^+_k |0\rangle = \; 2 \cdot a^+_k \, a^+_k |0\rangle$

hat man einen Eigenwert 2 des Operators n_k zum Eigenvektor $a^+_k \, a^+_k |0\rangle$ gefunden, usw. Dieser sollte noch normiert werden.

Die mit den Leiteroperatoren a^+ erreichbaren Zustände des elektromagnetischen Felds heißen auch **Anregungs-Zustände** (Abb. 2), der niedrigste Anregungs-Zustand wird ein **Photon** genannt.

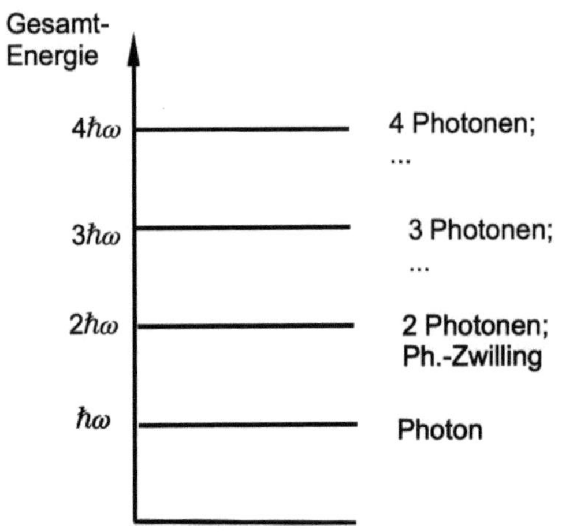

Abb. 2: *Anregungs-Zustände des elektromagnetischen Felds zu einheitlicher Wellenlänge ǵ. Gezeigt sind die Energie-Niveaus für die Anregung von 1, 2, 3, ... Photonen, ebenfalls - angedeutet - von Zwillingen etc. Der niedrigste Anregungs-Zustand stellt ein Photon mit der Energie $\hbar\nu = \hbar\,c/\acute{g}$ dar.*

$n_k = a^+_k a_k$ heißt Teilchenzahl-Operator. Seine Eigenwerte werden einerseits als **Besetzungszahlen** für einen Zustand mit den Quantenzahlen k gedeutet, andererseits als die **Zahl der Photonen** mit den gleichen Quantenzahlen k. Er ist ebenso wie der Hamilton-Operator (Energie-Operator) H oder der Impuls-Operator **P** eine Observable mit reellen Eigenwerten. Genaueres finden Sie in Kap. 3.8. Mit

$$|n> = (a^+_k)^n |0> 1/\sqrt{(n!)}$$

erhält man einen normierten Zustand mit n gleichen Photonen (n Faktoren a^+_k) mit den Quantenzahlen k (Wellenzahl-Vektor **k** und Polarisationszahl s. Es gilt also $<n|n> = 1$. Der normierte Zustand

$$|n,n'> = (a^+_k)^n \cdot (a^+_{k'})^{n'}|0> \cdot 1/[\sqrt{(n!)}\sqrt{(n'!)}]$$

enthält n Photonen mit den Quantenzahlen k und n' Photonen mit den Quantenzahlen k'.

Zum Zustand $a^+_k |0>$ ist der duale Vektor $<0|a_k$. Er stellt ebenfalls einen Zustand mit genau einem Photon dar. Dieser wird bei der Berechnung von Skalarprodukten benötigt.

Die Norm des Vektors $a^+_k |0>$ ist dann $<0| a_k a^+_k |0>$. Mit den Vertauschungsrelationen erhalten Sie:

$$<0| a_k a^+_k |0> = 1 <0|0> + <0| a^+_k a_k|0> = 1 + 0 = 1.$$

Letzteres gilt, weil aus dem Vakuum-Zustand $|0>$ kein Photon vernichtet werden kann, aber auch, weil $n_k = a^+_k a_k$ der Teilchenzahl-Operator ist und weil im Vakuum die Teilchenzahl (Photonen-Zahl) 0 ist.

Durch mehrfache Anwendung der Vertauschungsregeln ergibt sich die erwähnte Norm: $\sqrt{[<0|\,(a_k)^n(a^+{}_k)^n\,|0>]} = \sqrt{n!}$.

3.5 Die Operatoren Energiedichte U und Energiestromdichte S

Es gilt dann mit dem Operator der Energiedichte U(x):

$U = \frac{1}{2}\,[\,\varepsilon_0\,\mathbf{E}^2 + \mathbf{B}^2/\mu_0] = \frac{1}{2}\,\varepsilon_0\,[\,\mathbf{E}^2 + c^2\mathbf{B}^2\,]$ Mit $f = [\hbar/(2\varepsilon_0\,V\omega_k)]^{1/2}$ und

$\mathbf{E} = \Sigma_{k,s}\,i\omega_k\,f\,\varepsilon_{ks}\,\{\,a_{ks}\,e^+ - a^+{}_{ks}\,e^-\,\}$ und später

$\mathbf{B} = \nabla \times \mathbf{A} = \Sigma_{k,s}\,i\,f\,\mathbf{k} \times \varepsilon_{ks}\,\{\,a_{ks}\,e^+ - a^+{}_{ks}\,e^-\,\}$,

also $\mathbf{E}^2 = \mathbf{E}\cdot\mathbf{E}$

$= -\,\Sigma_{k,s}\,\Sigma_{k',s'}\,f\,f'\,\omega_k\,\omega_{k'}\,\varepsilon_{ks}\cdot\varepsilon_{k's'}\,\{\,\mathbf{a}_{ks}\,e^+ - a^+{}_{ks}\,e^-\,\}\{\,a_{k's'}\,e^{+'} - a^+{}_{k's'}\,e^{-'}\}$

$= -\,\Sigma_{k,s}\,\Sigma_{k',s'}\,f\,f'\,\omega_k\,\omega_{k'}\,\varepsilon_{ks}\cdot\varepsilon_{k's'}\,(P_1 + P_2)$

wobei in evidenter symbolischer Schreibweise

$P = \{\,a_k\,a_{k'}\,e^+e^{+'} - a_k\,a^+{}_{k'}\,e^+e^{-'} - a^+{}_k\,a_{k'}\,e^-e^{+'} + a^+{}_k\,a^+{}_{k'}\,e^-e^{-'}\,\}$

oder $P = P_1 + P_2$. Für die formalen Operatoren P_1 und P_2 gilt:

$P_1 = -\,[\,a_k\,a^+{}_{k'}\,e^+e^{-'} + a^+{}_k\,a_{k'}\,e^-e^{+'}\,]$

$P_2 - \,[\,a_k\,a_{k'}\,e^+e^{+'} + a^+{}_k\,a^+{}_{k'}\,e^-e^{-'}\,]$

also $\varepsilon_0\,\mathbf{E}^2 = \hbar/(2V)]\,(\omega_k\,\omega_{k'})^{1/2}\,\varepsilon_{ks}\cdot\varepsilon_{k's'}\,(P_1 + P_2)$

Es wird sich im Folgenden herausstellen, dass bei der Berechnung des Hamilton-Operators H von $\mathbf{E}^2$ und $\mathbf{B}^2$ nur der erste der beiden Terme (also P_1) wichtig ist.

Weiter:

$\mathbf{B}^2 = -\,\Sigma_{k,s}\,\Sigma_{k',s'}\,f\,f'\,\{(\mathbf{k} \times \varepsilon_{ks})\,[\,a_{ks}\,e^+ - a^+{}_{ks}\,e^-\,]\cdot(\mathbf{k'} \times \varepsilon_{k's'})\,[\,a_{k's'}\,e^{+'} - a^+{}_{k's'}\,e^{-'}\,]\}$

$= -\,\Sigma_{k,s}\,\Sigma_{k',s'}\,f\,f'\,(\mathbf{k} \times \varepsilon_k)\cdot(\mathbf{k'} \times \varepsilon_{k'})\,(P_1 + P_2)$

also $\varepsilon_0\,c^2\,\mathbf{B}^2 = -\,\hbar/(2V)\,c^2\Sigma_{k,s}\,\Sigma_{k',s'}\,(\omega_k\,\omega_{k'})^{-1/2}\,(\mathbf{k} \times \varepsilon_k)\cdot(\mathbf{k'} \times \varepsilon_{k'})\,(P_1 + P_2)$

und zusammen [mit $(\mathbf{k} \times \varepsilon_k)\cdot(\mathbf{k'} \times \varepsilon_{k'}) = (\mathbf{k}\cdot\mathbf{k'})\,(\varepsilon_k\cdot\varepsilon_{k'}) - (\mathbf{k}\cdot\varepsilon_{k'})(\mathbf{k'}\cdot\varepsilon_k)$]:

$U = \frac{1}{2}\,\varepsilon_0\,[\,\mathbf{E}^2 + c^2\mathbf{B}^2\,]$

$= \hbar/(4V)\{\,\Sigma_{k,s}\,\Sigma_{k',s'}\,(\omega_k\omega_{k'})^{1/2}\,\varepsilon_k\cdot\varepsilon_{k'} - c^2(\omega_k\omega_{k'})^{-1/2}\,[(\mathbf{k}\cdot\mathbf{k'})\,(\varepsilon_k\cdot\varepsilon_{k'}) - (\mathbf{k}\cdot\varepsilon_{k'})(\mathbf{k'}\cdot\varepsilon_k)]\}(P_1 + P_2)$

Da später bei der Integration über den ganzen Raum verwendet wird:

(1) $\qquad \int_V d^3x\ \exp[\pm i(\mathbf{k} - \mathbf{k'})\cdot\mathbf{x}] = V\,\delta_{kk'}$ (zuständig für die Terme P_1) und analog

(2) $\qquad \int_V d^3x\ \exp[\pm i(\mathbf{k} + \mathbf{k'})\cdot\mathbf{x}] = V\,\delta_{k-k'}$ (zuständig für die Terme P_2)

und $\qquad \varepsilon_{ks}\cdot\varepsilon_{ks'} = \delta_{ss'}$

folgen Vereinfachungen und wegzulassende Terme.

Es gilt nämlich

(1) wenn später $\mathbf{k} = \mathbf{k'}$: $(\mathbf{k}\cdot\mathbf{k'})\,(\varepsilon_{ks}\cdot\varepsilon_{k's'}) - (\mathbf{k}\cdot\varepsilon_{k's'})(\mathbf{k'}\cdot\varepsilon_{ks})$ wird zu $k^2\,\delta_{ss'}$ (da ε_{ks} und $\varepsilon_{ks'}$ transversal zu $\mathbf{k}$. Das ist zuständig für P_1)

und

(2) wenn später $\mathbf{k} = -\mathbf{k'}$: $(\mathbf{k}\cdot\mathbf{k'})\,(\varepsilon_{ks}\cdot\varepsilon_{k's'}) - (\mathbf{k}\cdot\varepsilon_{k's'})(\mathbf{k'}\cdot\varepsilon_{ks})$ wird zu $-k^2\,\delta_{ss'}$ (zuständig für P_2).

Der Operator der Energiedichte U steht im Zentrum dieser Arbeit. Er ist auch die Basis für weitere Untersuchungen zum Hamilton-Operator. Sie werden durch seine Herleitung lernen, dass sich die Erwartungswerte der Operatoren $\mathbf{A}^2$, $\mathbf{E}^2$, $\mathbf{B}^2$, U, des Energiestromdichte-Operators $\mathbf{S}$ und der Impulsdichte $\mathbf{g}$, bis auf Faktoren ganz ähnlich verhalten. Sie werden auf sie immer wieder stoßen, auch bei der Interferenz, bei stehenden Wellen von Hohlraum-Schwingungen oder bei der Frage der Umsetzung in die schulische Lehre.

Ganz entsprechend erhält man den Operator des **Energiestromdichte-Vektors S**. Wenn Sie untersuchen wollten, welche Energie z.B. bei der Doppelspaltinterferenz in die Interferenzfigur auf seinem Schirm transportiert wird, könnten Sie von **S** ausgehen. Also:

$\mathbf{S} = \mathbf{E}\times\mathbf{B}/\mu_0 = \mathbf{E}\times\mathbf{B}/\mu_0 = \varepsilon_0\,\mathbf{E}\times\mathbf{B}/\varepsilon_0\,\mu_0 = \varepsilon_0\,\mathbf{E}\times\mathbf{B}\,c^2$ und mit $\mathbf{E} = \Sigma_{k,s}\,\omega_{ks}\,\mathbf{E}_{ks}$ und $\mathbf{B} = \Sigma_{k',s'}\,\mathbf{k'}\times\mathbf{E}_{k's'}$

$\mathbf{S} = \varepsilon_0\,c^2\,\Sigma_{k,s}\,\Sigma_{k',s'}\,\omega_k\,\mathbf{E}_{ks}\times\mathbf{k'}\times\mathbf{E}_{k's'}$

$= \Sigma_{k,s}\,\Sigma_{k',s'}\,ff'\,\varepsilon_0\,c^2\,\omega_k\,\varepsilon_{ks}\times\mathbf{k'}\times\varepsilon_{k's'}\,\{\,a_k\,e^+ - a^+_k\,e^-\,\}\{\,a_{k'}\,e^{+'} - a^+_{k'}\,e^{-'}\,\}$

$= \Sigma_{k,s}\,\Sigma_{k',s'}\,ff'\,\varepsilon_0\,c^2\,\omega_k\,(\,\varepsilon_{ks}\times\mathbf{k'}\times\varepsilon_{k's'}\,)\,(P_1 + P_2)$

Mit $\varepsilon_{ks}\times\mathbf{k'}\times\varepsilon_{k's'} = \mathbf{k'}\,(\varepsilon_{ks}\cdot\varepsilon_{k's'})\ -\ \varepsilon_{k's'}\,(\varepsilon_{ks}\cdot\mathbf{k'})$

erhalten Sie den Operator des Energiestromdichte-Vektors

$$\mathbf{S} = \varepsilon_0 \, c^2 \, \Sigma_{k,s} \, \Sigma_{k',s'} \, ff \, \omega_k \, [\, \mathbf{k'} \, (\varepsilon_{ks} \cdot \varepsilon_{k's'}) \; - \; \varepsilon_{k's'} \, (\varepsilon_{ks} \cdot \mathbf{k'})] \; (P_1 + P_2)$$

Der Operator der Impulsdichte $\mathbf{g}$ ist definiert als

$\mathbf{g} = \mathbf{S}/c^2$, also

$$\mathbf{g} = \varepsilon_0 \, \Sigma_{\mathbf{k},s} \, \Sigma_{\mathbf{k}',s'} \, ff \, \omega_k \, [\, \mathbf{k'} \, (\varepsilon_{ks} \cdot \varepsilon_{k's'}) \; - \; \varepsilon_{k's'} \, (\varepsilon_{ks} \cdot \mathbf{k'})] \; (P_1 + P_2)$$

$$= \hbar/(4V) \, \Sigma_{\mathbf{k},s} \, \Sigma_{\mathbf{k}',s'} \, (\omega_k \, \omega_{k'})^{-1/2} \, \omega_k \, [\, \mathbf{k'} \, (\varepsilon_{ks} \cdot \varepsilon_{k's'}) \; - \; \varepsilon_{k's'} \, (\varepsilon_{ks} \cdot \mathbf{k'})] \; (P_1 + P_2)$$

Den Impuls $\mathbf{P}$ erhalten Sie wieder durch Integration über V. Dabei treten erneut einige Delta-Funktionen auf, die die Summen reduzieren. Man kann erwarten, dass $\mathbf{P}$ nur in Richtung des Wellenzahl-Vektors orientiert ist, dass also nur $\mathbf{k'} \, (\varepsilon_{ks} \cdot \varepsilon_{k's'})$ in der Impulsdichte einen Beitrag liefert (Impuls in Richtung $\mathbf{k'}$; wenn $\mathbf{k'} = \mathbf{k}$ ist; dann auch $(\varepsilon_{ks} \cdot \mathbf{k'}) = 0$).

3.6 Vertauschungsrelationen für die Felder E und B

In diesem Kapitel lernen Sie am Beispiel der Felder **E** und **B** nicht gleichzeitig messbare Operatoren kennen und bekommen einen Einblick, was das für die Messbarkeit von **E** oder **B** zur Folge hat. Gehen Sie aus von:

$$\mathbf{A}(\mathbf{x},t) = \Sigma_{k,s} \; f \; \varepsilon_{ks} \; \{ \; a_{ks} \; e^{+} + a^{+}_{ks} \; e^{-} \}$$

$$\mathbf{E}(\mathbf{x},t) = - \partial \mathbf{A}/\partial t = \Sigma_{k',s'} \; i \; f \; \omega_{k'} \; \varepsilon_{k's'} \; \{ \; a_{k's'} \; e^{+'} - a^{+}_{k's'} \; e^{-'} \}$$

ε_{ks} und $\varepsilon_{k's'}$ sind bei gleichem **k** und s gleichgerichtet. Es sollen von folgenden Komponenten (x und r) die Kommutatoren berechnet werden:

$$[\mathbf{A}_x(\mathbf{x},t), \mathbf{E}_r(\mathbf{x},t)] = \; i \; f^2 \; \Sigma_{k',s'} \Sigma_{k,s} \; \omega_k \; (\varepsilon_{k's'})_x \; (\varepsilon_{ks})_r$$

$$\{ \; [\; a_k \; e^{+} + a^{+}_k \; e^{-}][\; a_{k'} \; e^{+'} - a^{+}_{k'} \; e^{-'}] - [\; a_{k'} \; e^{+'} - a^{+}_{k'} \; e^{-'}][\; a_k \; e^{+} + a^{+}_k \; e^{-}] \}$$

$$= \; i \; f^2 \Sigma_{k',s'} \Sigma_{k,s} \; \omega_k \; (\varepsilon_{k's'})_x \; (\varepsilon_{ks})_r \{ [- \; a_k \; a^{+}_{k'} \; e^{+} e^{-'} + a^{+}_k \; a_{k'} \; e^{-} e^{+'}] - [\; a_{k'} \; a^{+}_k \; e^{+'} e^{-} - a^{+}_{k'} \; a_k \; e^{-'} e^{+}] \} .$$

Weitere Terme heben sich weg.

Nach Integration über den Raum entstehen aus den Exponentialfaktoren Deltafunktionen $\delta_{kk'}$:

$$\int_V d^3x \; \exp[\pm i(\mathbf{k} - \mathbf{k}') \cdot \mathbf{x}] = V \; \delta_{kk'} \; \text{(jeweils Integration über den ganzen Raum), also}$$

$$\int_V d^3x \; [\mathbf{A}_x(\mathbf{x},t), \mathbf{E}_r(\mathbf{x},t)]$$

$$= i f^2 V \; \Sigma_{k,s'} \Sigma_s \; \omega_k \; (\varepsilon_{ks})_x \; (\varepsilon_{ks})_r \{ [-a_{ks} a^{+}_{ks'} + a^{+}_{ks} a_{ks'}] - [a_{ks'} a^{+}_{ks} - a^{+}_{ks'} a_{ks}] \}$$

$$= - i \; f^2 \; V \; \Sigma_{k,s'} \Sigma_s \; \omega_k \; (\varepsilon_{ks'})_x \; (\varepsilon_{ks})_r \; \{ [a_{ks} , a^{+}_{ks'}] + [a_{ks'} , a^{+}_{ks}] \}$$

$$= - 2 \; i \; f^2 \; V \; \Sigma_{k,s'} \Sigma_s \; \omega_k \; (\varepsilon_{ks'})_x \; (\varepsilon_{ks})_r \; \delta_{ss'}$$

$$= - 2 \; i \; f^2 \; V \; \Sigma_{k,s} \; \omega_k \; (\varepsilon_{ks})_x \; (\varepsilon_{ks})_r$$

Mit $f = [\hbar/(2\varepsilon_0 V \omega_k)]^{1/2}$ also

$$\int_V d^3x \; [\mathbf{A}_x(\mathbf{x},t), \mathbf{E}_r(\mathbf{x},t)] = - i \; \hbar/\varepsilon_0 \; \Sigma_{k,s} (\varepsilon_{ks})_x \; (\varepsilon_{ks})_r$$

Die Summe lässt sich noch weiter auswerten, was hier aber unterlassen wird. Jedenfalls für gleichgerichtete Komponenten von **A** und **E** (Komponente r = x) ist der Kommutator von 0 verschieden.

Dann muss der Kommutator $[\mathbf{A}_x(\mathbf{x},t), \mathbf{E}_x(\mathbf{x},t)]$ auch lokal irgendwo von 0 verschieden sein: Gleichgerichtete Komponenten der Operatoren $\mathbf{A}(\mathbf{x},t)$ und $\mathbf{E}(\mathbf{x},t)$ sind nicht vertauschbar, d.h. sie haben nicht gleichzeitig einen bestimmten Wert.

Es handelt sich immer noch um einen Kommutator zwischen Operatoren, der zum Erwartungswert für konkrete Zustände (z.B. mit einem Photon bestimmten Wellenzahl-Vektors) konkretisiert werden könnte.

Interessanter ist schon der Kommutator zwischen Komponenten von **E** und **B**. Hier erscheint die Rechnung etwas komplizierter. In der mir bekannten Literatur steht dann meistens sinngemäß „wie man leicht sehen kann". Sie finden dort z.B.

$[\mathbf{E_x(x,t)}, \mathbf{E_x(x',t)}] = 0$, $[\mathbf{B_x(x,t)}, \mathbf{B_x(x',t)}] = 0$, $[\mathbf{E_x(x,t)}, \mathbf{B_x(x',t)}] = 0$ aber
$[\mathbf{E_x(x,t)}, \mathbf{B_y(x',t)}] \neq 0$

Für gleiche Zeit vertauschen gleichgerichtete Komponenten von **E** oder **B** jeweils für sich ebenso wie gleichgerichtete Komponenten von **E** und **B**. Aufeinander senkrecht stehende, gleichzeitige Komponenten von **E** und **B** sind dagegen nicht gleichzeitig messbar. Die Frage, ob quantenphysikalisch bei single-mode-Zuständen auch **E** und **B** aufeinander senkrecht stehen, lässt sich also nicht experimentell beweisen.

Es folgt (hier ohne Beweis und Ausführung), wie üblich, eine HUR für die Erwartungswerte der Varianzen[16] („Un-bestimmtheiten"):

$$<\Delta E_x> \cdot <\Delta B_y> \geq \tfrac{1}{2}\,|<[E_x,B_y]>| \neq 0$$

Danach kann man also auch z.B. B_y im Prinzip beliebig genau messen, aber nur auf Kosten erhöhter Un-bestimmtheit von E_x und umgekehrt.

3.7 Einige wichtige Operatoren

In den Feldoperatoren **A**, **E**, und **B** sind quasi alle Informationen enthalten über mögliche Versuchsausgänge. Hier lernen Sie wichtige abgeleitete Operatoren und einige ihrer Eigenzustände kennen. Auf Kenntnissen darüber und die zugrunde liegenden Erhaltungssätze beruht die Identifizierung bestimmter Eigenzustände des elektromagnetischen Felds als Photonen.

16: *Zu einer Observablen A ist der Operator der Varianz $\Delta A = \sqrt{[(A - <A>)^2]}$. Das gilt entsprechend auch für die Erwartungswerte.*

3.7.1 Hamilton-Operator (Energie-Operator) H

Gehen Sie aus vom Energiedichte-Operator

$U = \frac{1}{2}\,[\,\varepsilon_0\,\mathbf{E}^2 + \mathbf{B}^2/\mu_0\,] = \frac{1}{2}\,\varepsilon_0\,[\,\mathbf{E}^2 + c^2\mathbf{B}^2]$

In Kap. 3.5 fanden Sie mit $f = [\hbar/(2\varepsilon_0\,V\omega_k)]^{1/2}$:

$U = \hbar/(4V)\,\{\Sigma_{k,s}\Sigma_{k',s'}\,(\omega_k\,\omega_{k'})^{1/2}\,\varepsilon_{ks}\cdot\varepsilon_{k's'} - c^2\,(\omega_k\,\omega_{k'})^{-1/2}\,[(\mathbf{k}\cdot\mathbf{k}')\,(\varepsilon_{ks}\cdot\varepsilon_{k's'}) - (\mathbf{k}\cdot\varepsilon_{k's'})(\mathbf{k}'\cdot\varepsilon_{ks})]\}$
$\cdot(P_1 + P_2)$

Sie erhalten daraus den Energie-Operator (Hamilton-Operator) mittels

$H = \int_V d^3x\ U$

Da bei der Integration über den ganzen Raum verwendet wird:

(1) $\qquad \int_V d^3x\ \exp[\pm i(\mathbf{k} - \mathbf{k}')\cdot\mathbf{x}] = V\,\delta_{kk'}$ (zuständig für die Terme P_1) und analog

(2) $\qquad \int_V d^3x\ \exp[\pm i(\mathbf{k} + \mathbf{k}')\cdot\mathbf{x}] = V\,\delta_{k\text{-}k'}$ (zuständig für die Terme P_2)

und $\quad \varepsilon_{ks}\cdot\varepsilon_{ks'} = \delta_{ss'}$

folgen weitere Vereinfachungen und weggelassene Terme in der Summe.

Sie sehen nämlich:

(1) $(\mathbf{k}\cdot\mathbf{k}')\,(\varepsilon_{ks}\cdot\varepsilon_{k's'}) - (\mathbf{k}\cdot\varepsilon_{k's'})(\mathbf{k}'\cdot\varepsilon_{ks})$ wird zu

$(\mathbf{k}\cdot\mathbf{k})\,(\varepsilon_{ks}\cdot\varepsilon_{ks'}) + (\mathbf{k}\cdot\varepsilon_{ks'})(\mathbf{k}\cdot\varepsilon_{ks}) = k^2\,\delta_{ss'}$, wenn später $\mathbf{k} = \mathbf{k}'$, da ε_{ks} und $\varepsilon_{ks'}$ transversal zu $\mathbf{k}$. Das ist zuständig für P_1.

(2) Ferner, wenn später $\mathbf{k} = -\mathbf{k}'$: $\qquad (\mathbf{k}\cdot\mathbf{k}')\,(\varepsilon_{ks}\cdot\varepsilon_{k's'}) - (\mathbf{k}\cdot\varepsilon_{k's'})(\mathbf{k}'\cdot\varepsilon_{ks})$ wird zu $-(\mathbf{k}\cdot\mathbf{k})\,(\varepsilon_{ks}\cdot\varepsilon_{ks'}) + (\mathbf{k}\cdot\varepsilon_{ks'})(\mathbf{k}\cdot\varepsilon_{ks}) = -k^2\,\delta_{ss'}$. Das ist zuständig für P_2.

Der Vorzeichenwechsel bewirkt, dass sich die elektrischen und magnetischen Beiträge zu P_2 wegheben.

Mit $2\,\varepsilon_0\,f^2\,V = \hbar\omega_k$ vereinfacht sich die Doppelsumme schließlich auf

$H = \frac{1}{2}\,\Sigma_{k,s}\ \hbar\,\omega_k\,[\,a_{ks}a^+_{ks} + a^+_{ks}\,a_{ks}\,]$

und wegen der Vertauschungsrelation $a_{ks}a^+_{ks} = a^+_{ks}\,a_{ks} + \delta_{kk'}\,\delta_{ss'}$ dann weiter

$H = \Sigma_{k,s}\hbar\,\omega_k\,[\,a^+_{ks}\,a_{ks} + \frac{1}{2}\,]$

Der Anteil $\Sigma_{k,s}\ \hbar\cdot\omega_k\cdot\frac{1}{2}$ würde zu einer unendlichen Energie führen. Man nennt sie die Vakuum-Energie und bezieht alle anderen Energien auf sie als Nullpunkts-Energie. Der Vakuum-Zustand wird $|0>$ genannt. In der Regel erhält man dann korrekte Ergebnisse, wenn man so schreibt:

$$H = \Sigma_{k,s}\, \hbar \cdot \omega_k\ a^+_{ks}\, a_{ks}$$

Es handelt sich um eine Operator-Gleichung. Doch kann man mit dem Teilchenzahl-Operator $n_{ks} = a^+_{ks}\, a_{ks}$ folgern: Die Gesamtenergie des elektromagnetischen Felds setzt sich danach aus der Energie $\hbar \cdot \omega_k$ einzelner Photonen zusammen. Ein Photon hat die Energie $\hbar \cdot \omega_k$.

Man führt die Vakuum-Energie auf Nullpunkts-Fluktuationen zurück und sieht oft auch einen Zusammenhang mit „virtuellen Photonen" [17] und - bei Betrachtung wechselwirkender Felder - mit „virtuellen" Elektronen und Positronen.

Der Vakuum-Zustand ist also der Zustand $|0>$ mit keinem (realen) Photon und es gilt $a_{ks}\,|0> = 0$. Aus dem Vakuum-Zustand kann kein Photon vernichtet werden.

Für den Einteilchen-Zustand $|k> = a^+_k\,|0>$ ergibt sich $H\,|k> = \hbar \omega_k\,|k>$

Eigenzustände von H sind stationäre Zustände, d.h. Zustände mit konstanter Energie. Sie sind außerordentlich wichtig. Es gibt aber auch andere.

3.7.2 Teilchenzahl-Operator n_k und „neuer Teilchen-Begriff"

Sie haben schon den Operator $n_k = a^+_k\, a_k$ kennengelernt, den so genannten Teilchenzahl-Operator. Seine Eigenwerte stellen die möglichen **Besetzungszahlen** einer Anregungs-Mode mit den Quantenzahlen k dar. Vielleicht sollte er besser Operator der Moden-Teilchenzahl genannt werden. Sie werden bald verstehen, weshalb er auch **Photonenzahl** in der Anre-

---

17: *„Virtuelle Teilchen" in der QED sind mathematische Konstrukte zur Veranschaulichung bestimmter Entwicklungskoeffizienten bei der Entwicklung realer Felder und Übergangswahrscheinlichkeiten nach nicht wechselwirkenden („freien") Teilchen, wie es mit Feynman-Diagrammen durchgeführt wird. Generell werden so Wechselwirkungen als Austausch von virtuellen Teilchen beschrieben. Die Coulomb-Wechselwirkung zwischen geladenen Teilchen komme durch den Austausch von virtuellen „longitudinalen und skalaren Photonen" zustande.*

gungs-Mode mit bestimmten einheitlichen Quantenzahlen k genannt wird.

Dabei gilt für die Photonenzahl im Vakuum-Zustand $n_k |0> = a^+_k a_k |0> = 0$ $|0>$ und für einen Einteilchen-Zustand $n_k |1> = (a^+_k a_k) a^+_k|0> = 1 \cdot a^+_k|0>$. Das Vakuum ist also ein Zustand ohne Photonen, d.h. mit der Photonenzahl 0. Ein Einteilchen-Zustand ist ein Zustand mit genau einem Photon.

D e r Teilchenzahl-Operator ist im „Würzburger Quantenphysik-Konzept (**WQPK**, [Hü])" die Grundlage für den allgemeineren „neuen Teilchen-Begriff der Quantenphysik":

Ein Eigenzustand des Teilchenzahl-Operator mit der Teilchenzahl $n = 1$ wird ein (Quanten-)Teilchen genannt.

In die Sprache der Schule sehr frei übersetzt:

Von (Quanten-)Teilchen spricht man, wenn die Objekte in Messungen **als ungeteilte Einheiten auftreten**, und wenn man dabei die beteiligten Objekte **zählen** kann (speziell bei Teilchenzahl $n = 1$).

Der „neue Teilchenbegriff der QED" hat nichts damit zu tun, dass ein Teilchen vielleicht lokalisiert sein könnte, oder dass ein Zähler „klick" macht. Er hängt vielmehr damit zusammen, dass es überhaupt einen Sinn hat, von abzählbaren „Dingen" zu sprechen[18]. Dagegen heißen bestimmte Eigenzustände des Teilchenzahl-Operators mit der Teilchenzahl 2 Zwillinge, also z.B. Photonen-Zwillinge oder ein Zwillingsphoton. Zwillinge sind so genannte „verschränkte Zustände"[19]. Neben diesen Zuständen mit be-stimmter Teilchenzahl ($n = 1, 2, 3, \ldots$) gibt es andere mit un-bestimmter Teilchenzahl. Dazu gehören die kohärenten (oder Glauber-)Zustände (Kap. 6; [Gl]).

Es sei $|n_k>$ ein Eigenvektor zu n_k mit dem Eigenwert n, also $n_k |n_k> = n |n_k>$ (das erste n_k ist der Operator, $|n_k>$ ein Eigenvektor von ihm, n der zugehörige Eigenwert). Man kann nachweisen, dass alle Eigenwerte von $|n_k>$ nicht negativ sind. Wendet man den Operator n_k auf seinen Eigenvektor $|b> = a_k |n_k>$ an, erhält man $n_k |b> = (n-1) |b>$, weil a_k die Teilchenzahl um 1 erniedrigt. Mehrmalige Anwendung von a_k führt zu den Eigenwerten n-1, n-2, n-3, … . Die Reihe ginge ins Negative, wäre nicht n eine natürliche Zahl (inkl. 0). Damit ist bewiesen, welche ganzzahligen Eigenwerte $|n_k>$ haben kann.

18: *Wellen kann man nicht abzählen.*

19: *Siehe Fußnote 23*

Ein Zustand mit einem bestimmten Satz von gemeinsamen Quantenzahlen k kann n-fach besetzt sein. Es ist eine andere Sprechweise dieser Tatsache, dass es n Photonen mit gleichen Quantenzahlen k geben kann. Die Beschränkung auf die Teilchenzahlen 0 und 1 bei Fermionen gibt es bei den bosonischen Photonen nicht.

Der Teilchenzahl-Operator $n_k = a^+_k a_k$ vertauscht mit dem Hamilton-Operator H. Er ist also eine Erhaltungsgröße, was für an Ladungen gekoppelte Photonen sicher nicht gilt.

So kann in der Nähe eines Atomkerns ein hochenergetisches Photon (γ-Teilchen) vernichtet werden, indem ein Elektron-Positron-Paar entsteht (Paarerzeugung), oder es können sich ein Elektron und ein Positron gegenseitig vernichten unter Erzeugung eines γ-Teilchens (Annihilation). Man spricht auch davon, dass z.B. durch die Erzeugung von „virtuellen" Elektron-Positron-Paaren die Photonenzahl virtuell („kurzzeitig") verringert wird, dass durch die Vernichtung von „virtuellen" Elektron-Positron-Paaren die Photonenzahl virtuell vergrößert wird. Virtuelle Teilchen sind jedoch Artefakte eines mathematischen Verfahrens, das auf Feynman zurückgeht. Sie sind nicht direkt messbar. Das wird auch mit ihrem Namen angedeutet. Die Kurzzeitigkeit wird manchmal betont, um damit plausibel zu machen, dass Erhaltungssätze bei virtuellen Teilchen verletzt sein können, was kurzzeitig wegen einer Zeit-Energie-Unschärferelation denkbar ist.

Formuliert mit dem Teilchenzahl-Operator erhalten wir für den Hamilton- (oder Energie-)Operator):

$$H = \Sigma_k \hbar\omega_k (n_k + \tfrac{1}{2}) \qquad \text{bzw.} \qquad H = \Sigma_k \hbar\omega_k n_k \,^{20}$$

Für den Einteilchen-Zustand $|g> = a^+_g |0>$ ergibt sich so

$$H |g> = \Sigma_k \hbar\omega_k n_k |g> = \Sigma_k \hbar\omega_k a^+_k a_k a^+_g |0> = \Sigma_k \hbar\omega_k a^+_k (\delta_{gk} + a^+_g a_k)|0> = \hbar\omega_g a^+_g |0> \,,$$

also

$$H |g> = \hbar\omega_g |g>$$

$|g>$ ist also ein Eigenzustand von H mit dem Eigenwert $\hbar\omega_g$. Wenn sich das System im Zustand $|g>$ befindet, dann hat es die Energie $\hbar\omega_g$ als Eigenschaft.

20: *Jetzt verstehen Sie auch die Exponentialfaktoren mit der Zeitabhängigkeit: Es gilt nämlich $[a_g, n_k] = a_g a^+_k a_k - a^+_k a_k a_g = a^+_k a_g a_k - a^+_k a_k a_g + \delta_{gk} a_k = \delta_{gk} a_k$ und analog $[a^+_g, n_k] = -\delta_{gk} a^+_k$. Mit der Heisenberg-Gleichung für die Leiteroperatoren erhalten Sie: $i\hbar\, \partial a_g /\partial t = [a_g, H] = \Sigma_k \hbar\omega_k [a_g, n_k] = \hbar\omega_g a_g$, mit der Lösung $a_g = a_{g0} \exp(-i\omega t)$ und analog $i\hbar\, \partial a^+_g /\partial t = [a^+_g, H] = -\hbar\omega_g a^+_g$, mit der Lösung $a^+_g = a^+_{g0} \exp(i\omega t)$. Für den Text spalteten wir die Zeitabhängigkeit ab und ließen bei den zeitunabhängigen Operatoren den Index 0 weg. Die Zustände, z.B. $a^+_g |0>$, sind dann zeitunabhängig.*

3.7.3 Gesamt-Teilchenzahl-Operator N

Es wird definiert: $N = \Sigma_k\, n_k$.

Während n_k der Teilchenzahl-Operator für eine be-stimmte Mode des elektromagnetischen Felds ist, ist N der Teilchenzahl-Operator für alle Moden zusammen.

Der Gesamt-Teilchenzahl-Operator vertauscht mit dem Hamilton-Operator H. Es gibt also gemeinsame Eigenvektoren. Für sie ist die Gesamt-Teilchenzahl also eine **Erhaltungsgröße**. Das ist bei an Ladungen gekoppelten elektromagnetischen Feldern ebenfalls nicht mehr der Fall.

Für den Zustand $|g> = a^+_g\,|0>$ ergibt sich

$$N\,|g> = \Sigma_k\ n_k\,|g> = \Sigma_k\ \ a^+_k a_k\ a^+_g\,|0> = \Sigma_k\ a^+_k(\delta_{gk} + a^+_g a_k)|0> = 1\ \ a^+_g\,|0>\,, \text{ also}$$

$$N\,|g> = 1\,|g>$$

$|g>$ ist also auch ein Eigenzustand vom Gesamt-Teilchenzahl-Operator N mit dem Eigenwert 1. Der Zustand $|g>$ hat die Gesamt-Teilchenzahl 1 als Eigenschaft.

3.7.4 Impuls-Operator P

In Kap. 3.5 erhielten Sie für den Operator der Impulsdichte **g**:

$$\mathbf{g} = -\,\varepsilon_0\ \Sigma_{k,s}\ \Sigma_{k',s'}\ ff\ \omega_k\ [\ \mathbf{k'}\ (\varepsilon_{ks}\cdot\varepsilon_{k's'})\ -\ \varepsilon_{k's'}(\varepsilon_{ks}\cdot\mathbf{k'})]\ (P_1+P_2)$$

Z u m Impuls-Operator kommen Sie durch Integration über den ganzen Raum. Dabei wird wieder verwendet:

$$\int_V d^3x\ \exp[\pm i(\mathbf{k} - \mathbf{k'})\cdot\mathbf{x}] = V\,\delta_{kk'}\ (\text{ zuständig für die Terme } P_1)\ \text{und analog}$$

$$\int_V d^3x\ \exp[\pm i(\mathbf{k} + \mathbf{k'})\cdot\mathbf{x}] = V\,\delta_{k-k'}\ (\text{zuständig für die Terme } P_2\,)$$

Damit und mit $\ \varepsilon_{ks}\cdot\varepsilon_{ks'} = \delta_{ss'}$ ergeben sich Vereinfachungen. Es wird an die Auswertung (s. Kap. 3.5) von

$$\mathbf{k'}\ (\varepsilon_{ks}\cdot\varepsilon_{k's'})\ -\ \varepsilon_{k's'}(\varepsilon_{ks}\cdot\mathbf{k'}) = \pm\,\mathbf{k}\,\delta_{ss'}$$ erinnert, je nachdem, ob $\mathbf{k} = \mathbf{k'}$ oder $\mathbf{k} = -\mathbf{k'}$. Also für den 1. Anteil mit P_1:

$\mathbf{g}_1 =$

$\varepsilon_0 \int_V d^3x\ \Sigma_{k,s}\ \Sigma_{k',s'}\, f\, f'\ \omega_k\ [\mathbf{k}'(\varepsilon_{ks}\cdot\varepsilon_{k's'}) - \varepsilon_{k's'}(\varepsilon_{ks}\cdot\mathbf{k}')]\ \{a_{ks}\, a^+_{k's'}\, \exp[+i(\mathbf{k}-\mathbf{k}')\cdot\mathbf{x}] + a^+_{ks}a_{k's'}\, \exp[-i(\mathbf{k}-\mathbf{k}')\cdot\mathbf{x}]\}$

$= \varepsilon_0\ f^2\ V\ \Sigma_{k,s}\ \omega_k\ [+\mathbf{k} - 0\ ]\ \{a_{ks}\, a^+_{ks} + a^+_{ks}\, a_{ks}\}$

da $\varepsilon_{ks}\cdot\mathbf{k} = 0$

und für den 2. Anteil (mit P_2):

$\mathbf{g}_2 =$

$- \varepsilon_0 \int_V d^3x\ \Sigma_{k,s}\ \Sigma_{k',s'}\ f\, f'\ \omega_{ks}[\ \mathbf{k}'(\varepsilon_{ks}\cdot\varepsilon_{k's'}\ ) - \varepsilon_{k's'}(\varepsilon_{ks}\cdot\mathbf{k}')]\ \{a_{ks}\, a_{k's'}\, \exp[i(\mathbf{k}+\mathbf{k}')\cdot\mathbf{x}] + a^+_{ks}a^+_{k's'}\, \exp[-i(\mathbf{k}+\mathbf{k}')\cdot\mathbf{x}]\}$

$= - \varepsilon_0\ f^2\ V\ \Sigma_{k,s}\ -\mathbf{k}\ \{a_{ks}\, a_{-ks} + a^+_{ks}\, a^+_{-ks}\}$

Wieder überlebten nach Integration über V nur Beiträge mit $\mathbf{k} = -\mathbf{k}'$. $\mathbf{g}_2$ verschwindet, weil in der Summe zu jedem $\mathbf{k}$ auch das entgegengesetzte vorkommt, während die geschweifte Klammer symmetrisch bleibt.

Dann erhalten Sie für den Impuls-Operator:

$\mathbf{P} = \varepsilon_0\ f^2\ V\ \Sigma_{k,s}\ \omega_k\ \mathbf{k}\ \{\ a_{ks}\, a^+_{ks} + a^+_{ks}\, a_{ks}\ \}$ und mit $f = [\hbar/(2\varepsilon_0 V\omega_k)]^{1/2}$:

$= \tfrac{1}{2}\ \hbar\mathbf{k}\ \{\ a_{ks}\, a^+_{ks} + a^+_{ks}\, a_{ks}\ \}$

Formuliert mit dem Teilchenzahl-Operator ergibt sich für den Impuls-Operator $\mathbf{P} = \Sigma_k\ \hbar\mathbf{k}\ (n_k + \tfrac{1}{2})$ bzw. $\mathbf{P} = \Sigma_k\ \hbar\mathbf{k}\ n_k$, weil sich in der Summe für den Nullpunktsimpuls $\tfrac{1}{2}\ \Sigma_k\ \hbar\mathbf{k}$ entgegengesetzte Anteile wegheben.

Der Gesamtimpuls des elektromagnetischen Felds setzt sich danach aus dem Impuls $\hbar\mathbf{k}$ einzelner Photonen zusammen. Ein Photon hat den Impuls $\hbar\mathbf{k}$, wobei $\mathbf{k}$ der Wellenzahl-Vektor ist.

Der Impuls-Operator $\mathbf{P}$ vertauscht mit dem Teilchenzahl-Operator $n_k = a^+_k a_k$ und dem Hamilton-Operator H. Er ist eine Erhaltungsgröße. Es gibt Zustände mit gleichzeitig messbaren Eigenschaften Energie, Impuls und Teilchenzahl.

Für den Einteilchen-Zustand $|k\rangle = a^+_k\, |0\rangle$ erhalten Sie

$\mathbf{P}\,|k\rangle = \Sigma_g\ \hbar\mathbf{g}\ n_g\,|k\rangle = \Sigma_g\ \hbar\mathbf{g}\ a^+_g a_g\ a^+_k\,|0\rangle = \Sigma_g\ \hbar\mathbf{g}\ a^+_g\ (\delta_{gk} + a^+_k\, a_g)|0\rangle = \hbar\mathbf{k}\ a^+_k\,|0\rangle$,
also

$\mathbf{P}\,|k\rangle = \hbar\mathbf{k}\,|k\rangle$

$|k\rangle$ ist also ein Eigenzustand von $\mathbf{P}$ mit dem Eigenwert $\hbar\mathbf{k}$. Der Zustand $|k\rangle$ hat den Impuls $\hbar\mathbf{k}$ als Eigenschaft. Das ist der Ausnahmefall, bei dem der (formale) Wellenzahl-Vektor **k** direkt mit dem Impuls verbunden ist.

Die Beziehungen für Energie E und Impuls **P** eines Photons wurden von den Maxwell-Gleichungen „ererbt": Es gilt $E = \hbar \cdot \omega$ und $|\mathbf{P}| = p = \hbar k = \hbar\omega/c$, also auch $E = p \cdot c$, was nur für ein Teilchen mit Lichtgeschwindigkeit c möglich ist. Daraus ergibt sich auch die Masse 0.

4 Was ist ein Photon aus Sicht der QED?

U.a. fanden Sie den „Anregungs-Zustand" $|k,s> = a^+_{ks} |0>$ des elektromagnetischen Felds, der zugleich Eigenzustand des Hamilton-Operators H, des Impuls-Operators **P** und des Gesamt-Teilchenzahl-Operators N ist.

Allgemein wird der niedrigste „Anregungs-Zustand" des elektromagnetischen Felds, der zugleich Eigenzustand des Energie-, des Impuls- und des Gesamt-Teilchenzahl-Operators und des Spins ist, **Photon** genannt.

Im einfachsten Fall ist das der Zustand $|k,s> = a^+_{ks} |0>$, der gleichzeitig die Energie $\hbar\omega = \hbar k/c$ wie den Impuls $\hbar k$ als Eigenschaft *hat* und zur Gesamt-Teilchenzahl 1 gehört ($k = |k|$).

Viel mehr lässt sich zum Begriff des Photons nicht sagen. (Wir klammern hier auch den ganzzahligen Spin aus, der zur Polarisation s gehört.)

Von Lokalisierbarkeit ist nicht die Rede, also davon, dass man das Photon in der Nähe eines Ortes finden könnte. Als Anregungs-Zustand[21] gehört es dem ganzen Raum an; kein Ort ist ausgezeichnet. Wegen dieser Eigenschaften mit den zugehörigen Erhaltungssätzen *scheint* es sich wie ein (klassisches) Teilchen mit diesen Eigenschaften zu verhalten; sinngemäß so formulierte es auch Zeh [Zeh], der aber auch noch Dekohärenz im Sinn hatte. Das ist die Rechtfertigung dafür, dass ein Photon in der Schule oft wie ein Teilchen behandelt wird.

Von den Maxwell-Gleichungen „erbte" $|k,s>$ auch einige *Aspekte*, die „wellenartig" erscheinen. Dazu gehören die Maxwell-Gleichungen, **E** und **B** als Träger der Energie bzw. Energiedichte oder die Interferenzfähigkeit der Felder (hier der Operatoren; nicht der Zustände[22]). Der Begriff „Anregungs-Zustand" ist so abstrakt, dass eine Interpretation im Sinne eines der üblichen Modelle des Photons nicht naheliegt.

Es lassen sich auch bestimmte Zweiphotonen-Zustände präparieren, die

---

21: *Anregungs-Zustände spielen in der Festkörperphysik oder der Plasmaphysik eine große Rolle. Sie heißen dort z.B. Phononen, Polaritonen oder Plasmonen.*

22: *Und natürlich erst recht nicht die Interferenz-Fähigkeit „eines Photons mit sich selbst", wie manchmal formuliert wird. Ich halte diese Sprechweise für ungünstig, weil sich ein Photon nicht aufteilen kann. Ich bevorzuge den Begriff „Einteilchen-Interferenz" [Zei].*

ebenfalls Eigenzustände von H, **P** und des Teilchenzahl-Operators N sind. Die zugehörigen Erhaltungssätze gelten auch in diesem Fall. Die Teilchenzahl ist 2 (oder in anderen Fällen größer). Deshalb handelt es sich nicht um ein Photon. „Verschränkte"[23] Zweiphotonen-Zustände heißen **Photonen-Zwillinge**. Sie *bestehen nicht* aus individuellen Photonen, weil diese erst durch eine Messung be-stimmte, dem objektiven Zufall unterworfene Eigenschaften erhalten (Vgl. „Dreiklang" [24]). Audretsch [Aud] nannte Photonen-Zwillinge deshalb einen „Stoff fast ohne Eigenschaften". Erst bei Messungen *entstehen* Paare von individuellen Photonen, aber mit solchen be-stimmten Daten, dass zusammen die Eigenschaften des Zwillingszustands eingehalten bleiben („Geburtsurkunde"[25]). Wenn der (Gesamt-)Impuls eines Zwillings 0 ist, entstehen so erst bei einer Messung zwei Photonen mit entgegengesetzten Impulsen; der Gesamt-Impuls muss 0 bleiben.

Es gibt viel Diskussion darüber, ob ein so definiertes Photon nur ein mathematisches Konstrukt oder ein tatsächliches „Ding" ist. Sicher ist ohnehin, dass es ein „freies" Photon in Reinkultur in der Natur nicht gibt. Ohne Ankopplung an Ladungen eines Nachweisgeräts oder die Umgebung würden Sie von ihm auch nichts bemerken. Als Basis für weitergehende Überlegungen, z.B. der Wechselwirkung mit den elektrischen Dipolmomenten in einer Photoplatte, taugt es aber sehr gut, oder z.B. auch zur Frage, wie man ein Photon in einem Hohlraum-Resonator speichern und so das Strahlungsverhalten von Atomen beeinflussen kann, am besten bei schwacher Ankopplung. Feynman-Diagramme beruhen auf einer Entwicklung realer Photonen

---

23: ***Verschränkte Zustände*** *sind durch den Gesamt-Zustand (vgl. „Geburtsurkunde") definiert. Sie können aus mindestens zwei gleichartigen Teilchen entstanden sein oder aus verschiedenartigen Teilchen oder aus einem einzigen Teilchen mit unterschiedlichen Strukturelementen (z.B. Schwerpunkts- und Relativsystem).*

24: ***"Dreiklang verschränkter Systeme"***: *Verschränkte Systeme* **entstehen** *häufig aus nicht verschränkten einzelnen Quantenteilchen,* **bestehen** *selbst nicht aus (individuellen) Quantenteilchen,* **zerfallen** *aber bei einer Messung wieder in einzelne Quantenteilchen. Dabei bleiben Erhaltungsgrößen konstant. Es können auch verschiedene "Unterzustände" eines einzigen Quantenteilchens miteinander verschränkt sein, z.B. Schwerpunkts- und Relativsystem eines H-Atoms.*

25: *Mit „**Geburtsurkunde**" des verschränkten Zustands bezeichne ich die Gesamtheit der (bestimmten) Eigenschaften des verschränkten Gesamt-Zustands, die auch dann eingehalten werden müssen, wenn nach einer Messung der verschränkte Zustand in Einzelzustände zerlegt ist. Wenn z.B. der Gesamt-Impuls 0 ist und auch der Gesamt-Drehimpuls 0 ist, müssen nach der Messung die Einzelzustände entgegengesetzten Impuls und Drehimpuls haben.*

　　　　　　　　　　　　　　　　　　　　

(und analog von Elektronen etc.) nach solchen „freien" Teilchen. Im übrigen könnten Sie die Frage, ob etwas ein reales Ding oder ein mathematisches Konstrukt ist, an vielen Stellen in der Physik stellen, auch für Elektronen oder andere Elementarteilchen. Schon beim elektrischen Feld $\mathbf{E}$, z.B., liegt diese Frage nahe, genauso bei der Energie selbst. Auch das Feld ist nur indirekt durch seine Wirkungen nachweisbar, und kann cum grano salis ohnehin durch das Vektorpotenzial $\mathbf{A}$ ersetzt werden, ist also eigentlich „überflüssig" – wenn auch sehr zweckmäßig, und - im Unterschied zu $\mathbf{A}$ - messbar.

Bei Elektronen oder Atomen deuten die unveränderlichen und nicht verschwindenden Größen Masse, Ladung und Spin, die ihre „Substanz" kennzeichnen, eher auf eine gewisse Individualität, also auf Eigenschaften eines „Dings" hin. Feldtheoretisch gilt für sie aber das gleiche wie für Photonen: auch sie werden als Anregungs-Zustände beschrieben, allerdings des Schrödinger- oder auch des Dirac-Felds.

5 Teilchenzahl-Zustände des elektromagnetischen Felds (Fock-Zustände)

Das sind Zustände mit be-stimmter Teilchenzahl. Misst man bei einem von ihnen die (Gesamt-)Teilchenzahl (jeweils unter gleichen Bedingungen), so erhält man immer denselben Wert. Von der klassischen Physik herkommend kann man sich andere Zustände als Teilchenzustände, also solche mit un-bestimmter Teilchenzahl, gar nicht vorstellen. Sie lernen hier noch eine Vielzahl anderer Anregungs-Zustände des elektromagnetischen Felds kennen. Es stellt sich heraus, dass die Definition des Photons in Kap. 4 allgemeinere Zustände als in Kap. 3.7 zulässt.

5.1 Einphotonen-Zustände

5.1.1 Be-stimmt und un-bestimmt – Überlagerungs-Zustände

Es ist eine Erfahrungstatsache, dass ein Objekt der Quantenphysik einige „klassisch denkbare Eigenschaften" [Kü] *hat*, z.B. Masse, Ladung, Spin. Es gibt aber auch Paare von Eigenschaften, die nicht gleichzeitig messbar sind, bzw. die ein Quantenobjekt nicht gleichzeitig *haben* kann. So kann ein Elektron zwar einen Impuls *haben*, sicher dann, wenn er gerade gemessen ist, dann *hat* es aber keinen Ort. Das bedeutet nicht, dass es nirgendwo oder überall ist. Vielmehr hat es jetzt keinen Sinn, von einem Ort zu sprechen. Ähnlich kann es einen Ort *haben*, wenn er gemessen ist, aber nicht zugleich einen Impuls. Solche Paare A,B von Eigenschaften heißen komplementär. Die eine Größe A kann be-stimmt sein. Aufeinander folgende gleichartige Messvorgänge liefern dann immer dasselbe Ergebnis a, wenn das System in der Zwischenzeit nicht verändert wird. Dann ist das Messergebnis **reproduzierbar**. Damit ist bestätigt, dass A in diesem Zustand die Eigenschaft a wirklich **hat**. Die andere Größe B ist dann auf jeden Fall un-bestimmt. Es können auch beide un-bestimmt sein. Für Paare komplementärer Größen gilt eine Heisenberg'sche Un-bestimmtheitsrelation (HUR). Eigenzustände einer Observablen gehören immer zu be-stimmten Eigenwerten.

Im Formalismus drückt sich diese Tatsache darin aus, dass ein Zustand, bei dem eine Eigenschaft A be-stimmt ist, eine Überlagerung von zwei oder mehreren Zuständen bzgl. einer anderen Eigenschaft B sein kann, die alle für sich bzgl. der komplementären Eigenschaft B be-stimmt sind. Dieselbe Eigenschaft des Zustands ist dann gleichzeitig be-stimmt bzgl. A und un-bestimmt bzgl. B. Das soll im Folgenden an Beispielen im Formalismus der QED erläutert werden.

Wenn ein Photon durch einen Polarisator PO in einer bestimmten Orientierung getreten ist, hat es be-stimmte Polarisation bzgl. dieser Polarisator-Stellung. Tritt das Photon dann durch einen Analysator AN, kann er das Photon mit unterschiedlichen Wahrscheinlichkeiten bei quasi jeder beliebigen Orientierung α durchlassen. Die durchgelassenen Photonen haben dann bzgl. der Orientierung von AN be-stimmte Polarisation und erneut un-bestimmte Polarisation bzgl. PO, obwohl die in AN eintretenden Photonen be-stimmte Polarisation bzgl. PO hatten. Dies wirft ein Licht auf die Funktion einer quantenphysikalischen Messung. Durch einen Polarisator (PO oder AN) kann nicht festgestellt werden, welche Polarisation ein einzelnes durchgelassenes Photon *vor* dem Durchtritt hatte!

Ähnlich kann ein Photon ein Überlagerungs-Zustand von Photonen unterschiedlicher Wellenzahl-Vektoren **k** sein. Der Impuls ist dann un-bestimmt.

5.1.2 Einphotonen-Zustand: Impuls und Polarisation un-bestimmt

Betrachten Sie nun den normierten Zustand

$$|k'k''\rangle = 1/\sqrt{2}\,[a^{+}_{k'} + a^{+}_{k''}]\,|0\rangle$$

Er besteht aus einer Überlagerung eines Einteilchen-Zustands $|k'\rangle$ mit dem Einteilchen-Zustand $|k''\rangle$ ($k' \neq k''$). Beachten Sie wieder, dass k 4 Quantenzahlen symbolisiert, nämlich den 3-dimensionalen Wellenzahl-Vektor **k** und die Polarisation s.

Es ergibt sich

$H\,|k'k''\rangle = \Sigma_k\ \hbar\omega_k\,n_k\,|k'k''\rangle = 1/\sqrt{2}\ \Sigma_k\ \hbar\omega_k\ a^+_k a_k\,[a^+_{k'} + a^+_{k''}]\,|0\rangle$

$= 1/\sqrt{2}\ \Sigma_k\,\hbar\omega_k\ \ [a^+_k(\delta_{kk'} + a^+_{k'} a_k) + a^+_k(\delta_{kk''} + a^+_{k''} a_k)]|0\rangle =$

$= 1/\sqrt{2}\ [\ \hbar\omega_{k'}\,a^+_{k'}|0\rangle + \hbar\omega_{k''}\,a^+_{k''}|0\rangle\ ]\ ,\qquad$ weil $a_k|0\rangle = 0$

Ein solcher Zustand ist nur unter bestimmten Voraussetzungen für k' und k''
ein Eigenzustand von H. Darüber mehr in den folgenden Kapiteln.

5.1.3 Photon mit un-be-stimmtem Impuls und be-stimmter Polarisation

Betrachten Sie nun den normierten Zustand $|k'k''\rangle$ genauer:

Sie hatten in 5.1.2 erhalten:

$H\,|k'k''\rangle = 1/\sqrt{2}\ [\hbar\omega_{k'}\,a^+_{k'}|0\rangle + \hbar\,\omega_{k''}a^+_{k''}|0\rangle]\ ,\qquad$ weil $a_k|0\rangle = 0$

Wenn k' und k'' so sind, dass die zugehörigen Kreisfrequenzen ω_k gleich
sind, dann gilt also auch hier

$H\,|k'k''\rangle = \hbar\omega_k\,|k'k''\rangle.$

Das ist z.B. der Fall, wenn **k'** = - **k''**, natürlich auch, wenn beide Wellenzahl-Vektoren gleich sind, **k'** = **k''**, aber die Polarisationen verschieden.

Auch diese Überlagerungs-Zustände mit Photonen verschiedener Wellenzahl-Vektoren bzw. verschiedener Polarisationen sind Eigenzustände des
Hamilton-Operators.

Ganz analog wird für einen solchen Einteilchen-Zustand gezeigt, dass auch
für die Gesamt-Teilchenzahl N der zugehörige Eigenwert 1 ist.

Mit dem Impuls **P** ist es für solche Zustände eine Spur komplizierter:

$\mathbf{P}\,|k'k''\rangle = \Sigma_k\ \hbar\mathbf{k}\,n_k\,|k'k''\rangle = 1/\sqrt{2}\ \Sigma_k\,\hbar\mathbf{k}\ a^+_k a_k\,[a^+_{k'} + a^+_{k''}]\,|0\rangle =$

$1/\sqrt{2}\ \Sigma_k\,\hbar\mathbf{k}\,[a^+_k(\delta_{kk'} + a^+_{k'} a_k) + a^+_k(\delta_{kk''} + a^+_{k''} a_k)]|0\rangle = 1/\sqrt{2}\ [\ \hbar\mathbf{k'}\,a^+_{k'}|0\rangle + \hbar\mathbf{k''}\,a^+_{k''}|0\rangle\ ]$

Wenn **k'** $\neq$ **k''** ist $|k'k''\rangle$ offenbar i.A. kein Eigenzustand des Impuls-Operators. Es gibt aber auch solche Zustände. Wenn aber bei gleichen Wellen-zahl-Vektoren $\mathbf{k'} = \mathbf{k''}$ nur die Polarisationen verschieden (s' ≠ s'') sind, gilt das jedoch wieder. Dann kann man nämlich $\hbar\mathbf{k'}$ ausklammern.

Dann ist also auch |k'k''> bei unterschiedlichen Polarisationen ein **Eigenzustand des Impuls-Operators**. Es handelt sich um einen Zustand mit dem be-stimmten Impuls $\hbar\mathbf{k'}$ aber unbestimmter Polarisation. Eine Messung wird dann, wie auch gezeigt werden kann, mit der Wahrscheinlichkeit ½ jeweils eine der beiden Polarisationen liefern.

Eine besondere Situation stellt eine Überlagerung mit entgegengesetzten Wellenzahl-Vektoren dar ($\mathbf{k'} = -\mathbf{k''}$). Dann ist $\mathbf{P}$ |k'k''> = 0. Auch das ist ein Eigenzustand von $\mathbf{P}$ mit dem Impuls-Eigenwert 0, denn es gilt dann auch:

$\mathbf{P}$ |k'k''> = 0 |k'k''>.

Wie beim Photon mit be-stimmtem Impuls und be-stimmter Polarisation dürfen wir solche Anregungs-Zustände des elektromagnetischen Felds ein Photon nennen, weil sie die Teilchenzahl 1 haben und Eigenzustände des Energie- und des Impuls-Operators sind.

Ein Photon mit un-bestimmter Polarisation ist schwer vorstellbar. Erst recht kann man sich ein Photon mit zwei entgegengesetzten „Impulsen" schwer vorstellen. Das sollte man auch nicht versuchen! Bei einer Impuls-Messung bzgl. einer bestimmten Richtung erhält man mit jeweils 50%-iger Wahr-scheinlichkeit einen Impuls oder einen entgegengesetzten.

$\mathbf{k}$, $\mathbf{k'}$ und $\mathbf{k''}$ sind ja begrifflich auch keine Impulse (selbst, wenn man den Faktor $\hbar$ ergänzt), sondern Wellenzahl-Vektoren. Nur in Sonderfällen ge-hört zum (formalen) Wellenzahl-Vektor $\mathbf{k}$ ein Impuls $\hbar\mathbf{k}$. Auf die Idee, mit entgegenlaufenden Photonen oder entgegengesetzten Impulsen zu argumen-tieren, kommt man nur dann, wenn man sich fälschlicherweise vorstellt, dass reale, vielleicht sogar irgendwo lokalisierte klassische Teilchen betei-ligt sind. Verzichtet man auf die Vorstellbarkeit, so ist die Existenz eines solchen durch Überlagerung entstandenen Anregungs-Zustands des elektro-magnetischen Felds ganz natürlich, dem dann auch der Name „Photon" ge-bührt, wenn es ein Eigenzustand zu H, $\mathbf{P}$ und N ist.

Also zusammenfassend gilt für einen solchen Überlagerungszustand unter bestimm-ten Bedingungen für die Wellenzahl-Vektoren:

H|k'k''> = $\hbar\omega_{k'}$ · |k'k''>, wenn $\omega_{k'} = \omega_{k''}$.

$\mathbf{P}\,|k'k''\rangle = \hbar\mathbf{k}' \cdot |k'k''\rangle$, wenn $\mathbf{k}' = \mathbf{k}''$ bzw. $\mathbf{P}\,|k'k''\rangle = 0\,|k'k''\rangle$, wenn $\mathbf{k}' = -\mathbf{k}''$.

$N\,|k'k''\rangle = \Sigma_k\, n_k\,|k'k''\rangle = 1/\sqrt{2}\,\Sigma_k\, a^+_k\, a_k\,[a^+_{k'} + a^+_{k''}]|0\rangle$

$= 1/\sqrt{2}\,\Sigma_k\, a^+_k\,(\delta_{k'k} + a^+_{k'}\, a_k) + a^+_k\,(\delta_{k''k} + a^+_{k''}\, a_k)|0\rangle = 1/\sqrt{2}\,[a^+_{k'} + a^+_{k''}]\,|0\rangle$, also

$N\,|k'k''\rangle = 1 \cdot |k'k''\rangle$

5.1.4 Einphotonen-Wellenpaket

Konstruieren Sie folgenden Zustand:

$|wp\rangle = \Sigma_k\, f(\mathbf{k}\cdot\mathbf{x} - \omega_k\cdot t)\, a^+_k\,|0\rangle$

$f(x,t)$ sei ein zweimal nach x und t differenzierbarer Formfaktor, der relativ scharf um einen Ort $\mathbf{x}_0$ konzentriert ist. Er enthält auch einen geeigneten Normierungsfaktor. $f(x,t)$ genüge der Wellengleichung. Bei $\mathbf{k}$ in x-Richtung gilt für einen Punkt fester „Phase" $k\cdot x_0 - \omega\cdot t$, z.B. 0,

$k\cdot x_0 - \omega\cdot t = 0$, also $x_0 = \omega/k\,t = ct$ mit der Phasengeschwindigkeit c.

Ein solcher Punkt x_0 bewegt sich grob mit der Lichtgeschwindigkeit in Richtung zunehmender x_0-Werte.

Sie wissen schon aus früheren Rechnungen, dass $|wp\rangle$ ein Einteilchen-Zustand ist mit $N\,|wp\rangle = 1\cdot|wp\rangle$. Aber $|wp\rangle$ ist weder Eigenzustand von H noch von $\mathbf{P}$ - außer näherungsweise für einen sehr eng um einen bestimmtem k bzw. ω_k gebündelten Formfaktor, der dann aber nicht um einen Ort x_0 lokalisiert ist. Es handelt sich nicht um einen stationären Zustand: Das Wellenpaket „zerfließt". Möglicherweise könnte man mit solchen zeitlich oder örtlich gebündelten Zuständen Femto- oder Attosekunden-Pulse beschreiben. Enge zeitliche Bündelung bedingt dann aber ein sehr ausgedehntes Energie-, Frequenz- und Impuls-Spektrum. Ein solcher Zustand gehört nicht zu einem Photon.

5.2 Zweiphotonen-Zustände - Produktzustände

Auch $|k,k\rangle = a^+_k\, a^+_k\, |0\rangle$ ist ein erlaubter Zustand: Zuerst wird aus dem Vakuum-Zustand $|0\rangle$ ein Photon mit den Quantenzahlen k und dann ein weiteres mit den gleichen Quantenzahlen k erzeugt. Zur Erinnerung k bedeutet hier einen Satz von 4 Quantenzahlen, nämlich Wellenzahl-Vektor **k** und Polarisation s. Ein Normierungsfaktor $1/\sqrt{2!}$ ist hier weggelassen.

Der Teilchenzahl-Operator n_k und auch der Gesamt-Teilchenzahl-Operator N bestätigen, dass es sich um zwei Photonen handelt:

$$N\,|k,k\rangle = n_k\,|k,k\rangle = n_k\,a^+_k\,a^+_k\,|0\rangle = a^+_k\,a_k\,a^+_k\,a^+_k\,|0\rangle = a^+_k\,a^+_k\,|0\rangle + a^+_k\,a^+_k\,|0\rangle = 2\,|k,k\rangle$$

Der Normierungsfaktor $1/\sqrt{2!}$ würde hier herausfallen.

Auch der Hamilton/Energie-Operator und der Impuls-Operator zeigen das: (in der Summe wirkt nur der Term n_k auf $|k,k\rangle$):

$$H\,|k,k\rangle = \hbar\omega_k\,n_k\,|k,k\rangle = 2\,\hbar\omega_k\,|k,k\rangle$$
$$\mathbf{P}\,|k,k\rangle = \hbar\mathbf{k}\,n_k\,|k,k\rangle = 2\,\hbar\mathbf{k}\,|k,k\rangle$$

Es handelt sich um einen „echten" Zweiphotonen-Zustand mit zwei gleichen Photonen. Er wird Produktzustand genannt. Er besteht *aus zwei individuellen Photonen*, die für sich be-stimmte (z.B. $\hbar\omega_k$ und $\hbar\mathbf{k}$) und auch andere un-bestimmte Eigenschaften haben. Er besetzt in Abb. Die Sprosse der Energieleiter oberhalb der Photon-Sprosse.

Auch $|k,k'\rangle = a^+_k\, a^+_{k'}\,|0\rangle$ ist ein Zweiphotonen-Zustand (für $k \neq k'$ ist der Normierungsfaktor 1): Zuerst wird aus dem Vakuum-Zustand $|0\rangle$ ein Photon mit den Quantenzahlen k' und dann ein weiteres mit den Quantenzahlen k erzeugt.

Wir suchen einen Eigenwert des Gesamt-Teilchenoperators N für $k \neq k'$:

$N = n_k + n_{k'}$

also $N\,|k,k'\rangle = (n_{k'}\,a^+_k\,a^+_{k'} + n_k\,a^+_k\,a^+_{k'}\,)\,|0\rangle = (\,a^+_{k'}a_{k'}\,a^+_k\,a^+_{k'} + a^+_k a_k\,a^+_k\,a^+_{k'}\,)\,|0\rangle$

$= (\,a^+_{k'}\,\delta_{k'k}\,a^+_{k'} + a^+_{k'}a^+_k\,a_{k'}\,a^+_{k'} + a^+_k\,a^+_{k'} + a^+_k a^+_k\,a_k\,a^+_{k'}\,)\,|0\rangle$

$= (\,\delta_{k'k}\,a^+_{k'}\,a^+_{k'} + a^+_{k'}a^+_k + a^+_{k'}a^+_k a^+_{k'}\,a_{k'} + a^+_k\,a^+_{k'} + \delta_{kk'}\,a^+_k a^+_k + a^+_k a^+_k a^+_{k'}\,a_k)\,|0\rangle$

$= (\,2\,\delta_{k'k}\,a^+_k\,a^+_k + 2\,a^+_{k'}a^+_k\,)\,|0\rangle$

$= 2\,|k,k'\rangle$, wenn $k' \neq k$.

Der Zustand $|k,k'\rangle$ ist Eigenzustand zum Gesamt-Teilchenzahl-Operator N mit dem Eigenwert 2.

Ähnlich lässt sich nachweisen, dass

$H\,|k,k'> = \hbar\,(\omega_k\,n_k + \omega_{k'}\,n_{k'})\,|k,k'> = \hbar(\omega_k + \omega_{k'})\,|k,k'>$ und

$\mathbf{P}\,|k,k'> = \hbar\,(\mathbf{k}\,n_k + \mathbf{k'}\,n_{k'})\,|k,k'> = \hbar(\mathbf{k} + \mathbf{k'})\,|k,k'>$

Auch dieser Zweiphotonen-Zustand ist zugleich Eigenzustand von N, H und **P**. Da die Teilchenzahl 2 ist, besteht er aus *zwei sogar individuellen Photonen*. Wir testen die Wahrscheinlichkeit, dass zwei vorgegebene Photonen die Quantenzahlen g und g' haben:

$<0|a_g\,a_{g'}\,|k,k'> = <0|a_g\,a_{g'}\,a^+_k\,a^+_{k'}\,|0> = <0|a_g\,a^+_k\,a_{g'}\,a^+_{k'}\,|0> + \delta_{kg'}\,<0|a_g\,a^+_{k'}\,|0>$

$<0|a_g\,a^+_k a^+_{k'}\,a_{g'}\,|0> + \delta_{kg'}\,<0|a_g\,a^+_{k'}\,|0> + \; + \delta_{k'g'}\,<0|a_g\,a^+_k\,|0>$

$= \delta_{kg'}\,\delta_{k'g} + \delta_{k'g'}\,\delta_{kg}$

Wenn die vorgegebenen Photonen (mit den Quantenzahlen g und g') auf irgendeine Weise mit k und k' übereinstimmen, ist die Wahrscheinlichkeit 1, sonst 0.

5.3 Zweiphotonen-Zustände - Photonen-Zwillinge

Auch $|\mathbf{k},s,\,\mathbf{k'},s'> = 1/\sqrt{2}\,[\,a^+_{ks}\,a^+_{k's'} + \,a^+_{ks'}\,a^+_{k's}\,]|0>$ ist ein normierter Zustand: Aus dem Vakuum-Zustand $|0>$ wurden Paare von Photonen mit den Quantenzahlen $\mathbf{k}$,s und $\mathbf{k'}$,s' bzw. $\mathbf{k}$,s' und $\mathbf{k'}$,s erzeugt. In beiden Termen sind die Quantenzahlen „gemischt". Die Quantenzahlen $\mathbf{k}$ und $\mathbf{k'}$ bzw. s und s' sollen verschieden sein.

Überprüfen Sie die Normierung (bis auf den Faktor ½):

$<0|\,[\,a_{ks}\,a_{k's'} + a_{ks'}\,a_{k's}\,]\,[\,a^+_{ks}\,a^+_{k's'} + a^+_{ks'}\,a^+_{k's}\,]|0>$

$= <0|\,[\,a_{ks}\,a_{k's'}\,a^+_{ks}\,a^+_{k's'} + a_{ks'}\,a_{k's}\,a^+_{ks'}\,a^+_{k's}\,]|0> = 2$

(weitere verschwindende Terme wurden weggelassen).

Der Gesamt-Teilchenzahl-Operator N bestätigt, dass es sich um zwei Photonen handelt:

Nur 4 Anteile von N wirken auf $|\mathbf{k},s,\,\mathbf{k'},s'>$ mit nicht verschwindendem Ergebnis, nämlich n_{ks} , $n_{k's'}$, $n_{ks'}$, $n_{k's}$.

n_{ks} liefert nur bei den Produkten von Erzeugungsoperatoren, bei denen $\mathbf{k}$ und s gemeinsam bei einem Erzeugungsoperator vorkommen, ein nicht verschwindendes Ergebnis, also

$\mathbf{k} \neq \mathbf{k}'$ $s \neq s'$

$n_{ks}\, a^+_{ks}\, a^+_{k's'}\, |0\rangle = a^+_{ks}\, a_{ks}\, a^+_{ks}\, a^+_{k's'}\, |0\rangle = a^+_{ks}\, a^+_{ks}\, a_{ks}\, a^+_{k's'}\, |0\rangle + a^+_{ks}\, a^+_{k's'}\, |0\rangle$

$= \delta_{kk'}\, a^+_{ks}\, a^+_{k's'}\, |0\rangle + a^+_{ks}\, a^+_{k's'}\, |0\rangle = 1 \cdot a^+_{ks}\, a^+_{k's'}\, |0\rangle$

$n_{k's'}\, a^+_{ks}\, a^+_{k's'}\, |0\rangle = 1 \cdot a^+_{ks}\, a^+_{k's'}\, |0\rangle$

$n_{ks'}\, a^+_{ks'}\, a^+_{k's}\, |0\rangle = 1 \cdot a^+_{ks'}\, a^+_{k's}\, |0\rangle$

$n_{k's}\, a^+_{k's}\, a^+_{ks'}\, |0\rangle = 1 \cdot a^+_{k's}\, a^+_{ks'}\, |0\rangle$

Sie erhalten:

$N\, |\mathbf{k}, s, \mathbf{k}',s'\rangle = (n_{ks} + n_{k's'} + n_{ks'} + n_{k's})\, [\, a^+_{ks}\, a^+_{k's'} + a^+_{ks'}\, a^+_{k's}\,]|0\rangle$

$= 1/\sqrt{2}\, [\, n_{ks}\, a^+_{ks}\, a^+_{k's'} + n_{ks}\, a^+_{ks'}\, a^+_{k's} + n_{k's'}\, a^+_{ks}\, a^+_{k's'} + n_{k's'}\, a^+_{ks'}\, a^+_{k's}$

$\qquad + n_{ks'}\, a^+_{ks}\, a^+_{k's'} + n_{ks'}\, a^+_{ks'}\, a^+_{k's} + n_{k's}\, a^+_{ks}\, a^+_{k's'} + n_{k's}\, a^+_{ks'}\, a^+_{k's}\,]\, |0\rangle$

$= 1/\sqrt{2}\, (a^+_{ks}\, a^+_{k's'} + a^+_{ks}\, a^+_{k's'} + a^+_{ks'}\, a^+_{k's} + a^+_{ks'}\, a^+_{k's})\, |0\rangle$

$= 2 \cdot 1/\sqrt{2} \cdot [a^+_{ks}\, a^+_{k's'} + a^+_{ks'}\, a^+_{k's}\,]|0\rangle = 2\, |\mathbf{k}, s, \mathbf{k}',s'\rangle$

Also ist die Gesamtteilchenzahl 2. Ähnlich gilt:

$H\, |\mathbf{k}, s, \mathbf{k}',s'\rangle = \hbar(\omega_k + \omega_{k'})\, |\mathbf{k}, s, \mathbf{k}',s'\rangle$ und

$\mathbf{P}\, |\mathbf{k}, s, \mathbf{k}',s'\rangle = \hbar(\mathbf{k} + \mathbf{k}')\, |\mathbf{k}, s, \mathbf{k}',s'\rangle$

In der von mir so genannten „**Geburtsurkunde**"[26] wird also festgelegt, dass $|\mathbf{k}, s, \mathbf{k}',s'\rangle$ die Energie $\hbar(\omega_k + \omega_{k'})$ und den Impuls $\hbar(\mathbf{k} + \mathbf{k}')$ hat und aus 2 Photonen *entstanden* ist.

Ein solcher Zustand mit $\mathbf{k} \neq \mathbf{k}'$ und $s \neq s'\rangle$ ist ein Eigenzustand zu N, H und **P**. Er wird als **Photonen-Zwilling** bezeichnet. Zwar lassen sich die Eigenwertgleichungen für H und **P** so deuten, als ergäben sich die Eigenwerte von H und **P** aus den Werten von einzelnen Photonen. Weil aber im Zwilling die Impulse und Spins (Polarisationen) der Einzelphotonen un-bestimmt sind (bei Messungen tritt nur zufällig eines der beiden Paare ein), kann man sagen, er sei zwar aus 2 Photonen *entstanden*, *bestehe* aber nicht aus 2 (individuellen) Photonen und *zerfalle* erst bei einer Messung wieder in 2 individuelle Photonen („**Dreiklang**"[27]). Das macht die Aussage von Au-

---

26: *Siehe Fußnote 25*

27: ***"Dreiklang verschränkter Systeme"****: Häufig gilt: Verschränkte Systeme* **entstehen** *aus* dretsch (Kap. 4) verständlich [Aud].

$\mathbf{k'} = -\mathbf{k}$ ist ein Spezialfall (Abb. 3). Leider ist es nur eine bildliche Sprechweise, wenn man sagt, dass in diesem Zwilling zwei entgegengesetzt laufende Photonen den Gesamt-Impuls $\mathbf{P} = 0$ ergeben. Gemeint ist vielmehr, dass die Wellenzahl-Vektoren $\mathbf{k}$ und $\mathbf{k'}$ entgegengesetzt gleich sind. Einzel-Impuls-Messungen am Zwilling liefern dann immer entgegengesetzt gleiche Werte, zufällig $\mathbf{k}$ oder $-\mathbf{k}$. Ähnlich liefern Polarisationsmessungen streuende Ergebnisse, aber immer paarweise aufeinander bezogene (Kap. 7).

Als Anregungs-Zustände des elektromagnetischen Felds ergeben sich Photonen-Zwillinge ganz natürlich, ohne dass man über die Zusammensetzung aus Einzelphotonen etwas hinein philosophieren muss. Das Verständnis als Anregungszustand macht plausibel, dass ein Photonen-Zwilling zwar zur Teilchenzahl 2 gehört, aber nicht aus zwei individuellen Photonen besteht[27].

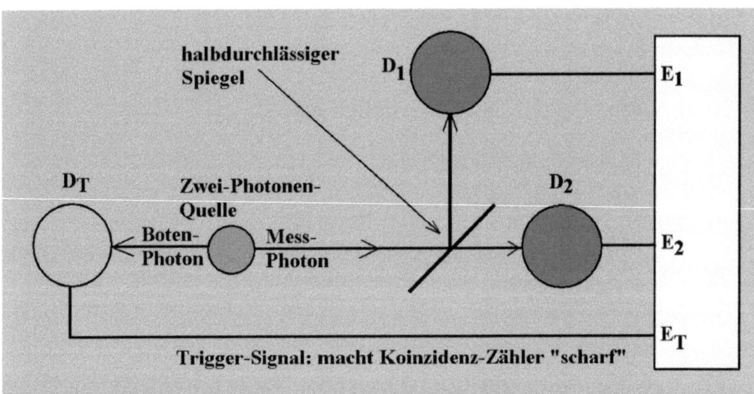

Abb. 3: Photonen-Zwilling beim G-R-A-Versuch (Prinzip): Kann sich ein Photon am Strahlteiler aufteilen? Die Zwei-Photonen-Quelle emittiert Photonen-Zwillinge mit Gesamtimpuls 0. Wenn eines der Photonen des Zwillings gemessen ist, haben die beiden Photonen entgegengesetzte Impulse. Beim G-R-A-Versuch [Gr] schaltet das Boten-Photon die Koinzidenz-Apparatur scharf. Wenn sich das Mess-Photon aufteilen würde, könnte es dann zu Koinzidenzen zwischen E$_1$ und E$_2$ kommen. Das Boten-Photon garantiert, dass jeweils genau ein Photon als Mess-Photon zur Verfügung steht. Mit ihm könnte auch Einteilchen-Interferenz untersucht werden (Abb. 8).

---

*nicht verschränkten einzelnen Quantenteilchen, **bestehen** selbst nicht aus (individuellen) Quantenteilchen, **zerfallen** aber bei einer Messung wieder in einzelne Quantenteilchen.*

5.4 Ein Beispiel für Zustände mit gemischten Teilchenzahlen

Zustände mit be-stimmter Teilchenzahl n heißen Teilchenzahl- oder Fock-Zustände. Es gibt aber auch andere Zustände mit un-bestimmter Teilchenzahl. Studieren Sie den wohl einfachsten in den Teilchenzahlen gemischten Zustand

$|1,2> = 1/\sqrt{2}\ (\ a^+_k + a^+_k\ a^+_k\ /\sqrt{2})\ |0>$

Er ist normiert, wie man leicht nachrechnen kann und besteht nur aus einer Überlagerung von einem und zwei Photonen mit gleichen Quantenzahlen k. Deswegen wird die Angabe der Quantenzahlen im Folgenden weggelassen.

Für die Norm erhalten Sie schematisch:

$\frac{1}{2} <0|\ (a + aa/\sqrt{2})\ (a^+ + a^+a^+/\sqrt{2})|0>$

$= \frac{1}{2} <0|\ (a\ a^+\ )|0> + \frac{1}{2} <0|\ (aa/\sqrt{2})\ (\ a^+a^+/\sqrt{2})|0>$ (weitere belanglose Terme wurden weggelassen)

$= \frac{1}{2}\ +\ \frac{1}{2}\cdot\frac{1}{2} <0|\ aa\ a^+a^+|0> = \frac{1}{2}\ +\ \frac{1}{2}\cdot\frac{1}{2}\cdot 2 = 1$

Für die Erwartungswerte wichtiger Operatoren finden Sie in symbolischer Schreibweise, wobei Skalarprodukte bzgl. ungleicher Teilchenzahl (Nicht-diagonalelemente) gar nicht erst angeschrieben werden:

$<1,2|\ N\ |1,2> = \ldots\ \frac{1}{2} <0|\ a\ \ a^+_E a_E\ a^+\ )\ |0>\ +\ \ldots\ \frac{1}{4} <0|\ a\ a\ \ a^+_E a_E\ a^+\ a^+\ |0>$

$= \ldots\ \frac{1}{2} <0|\ a\ a^+_E\ |0>\ +\frac{1}{4}\ \{\ \ldots\ <0|\ a\ a\ a^+_E\ a^+\ |0> +\ \ldots\ <0|\ a\ a\ a'_E\ a^+\ |0>\ \}$

$= \ldots\ \frac{1}{2} <0|\ a\ a^+_E\ |0>\ +\frac{1}{4}\ \{\ \ldots\ 2 <0|\ a\ a\ \ a^+_E\ a^+\ |0>\}$

$= \ldots\ \frac{1}{2}\ <0|0>\ +\ \ldots\ \frac{1}{4}\ \cdot 2\cdot\{<0|\ aa^+\ |0> +\ <0|\ aa^+\ |0>\ \}$

$= \ldots\ \frac{1}{2}\ <0|0>\ +\ \ldots\ \frac{1}{2}\ \{2\cdot\ <0|0>\ \} = 3/2$

also $<1,2|\ N\ |1,2> = \ 3/2$

$<1,2|\ H\ |1,2> = \ldots\ \frac{1}{2} <0|\ a\ \ a^+_E a_E\ a^+\ )\ |0>\ +\ \ldots\ \frac{1}{4} <0|\ a\ a\ \ a^+_E a_E\ a^+\ a^+\ |0>\ +\ldots$

$= \ldots \frac{1}{2}\ \hbar\cdot\omega_k <0|0>\ +\ \ldots\ \frac{1}{2}\ \{2\hbar\omega_k\ <0|0>\ \} = \ldots\ 3/2\cdot\ \hbar\omega_k$

$<1,2|\ P\ |1,2> = \ldots\ \frac{1}{2}\ <0|\ a\ \ a^+_E a_E\ a^+\ )\ |0>\ +\ \ldots\ \frac{1}{4} <0|\ a\ a\ \ a^+_E a_E\ a^+\ a^+\ |0>\ +\ldots$
$= \frac{1}{2}\cdot\ \hbar\cdot\mathbf{k} <0|0>\ +\ \frac{1}{2}\cdot 2\cdot\hbar\cdot\mathbf{k}\ <0|0>\ \} = 3/2\cdot\hbar\mathbf{k}$

Ähnlich werden Eigenwert-Gleichungen untersucht: Bei einer gemischter Zahl von Photonen handelt es sich nicht um einen gleichzeitigen Eigenzustand von H, **P** und N.

Es soll offen gelassen werden, was man mit solchen Zuständen anfangen kann. Immerhin verschwindet der Erwartungswert der *Feldstärken* bzgl. solcher Zustände nicht.

Vermitteln sie den Übergang zwischen Zuständen verschiedener Photonen-Zahl? Das könnte auch schon <1|**E**|2> bewirken! Dipol-Übergänge bei der Wechselwirkung mit Ladungen (Kap. 5.5) könnten davon Gebrauch machen.

5.5 Wechselwirkung mit Nachweisgeräten - wie könnte es weiter gehen?

Erwartungswerte von $\mathbf{E}$ bzgl. Zuständen mit gleicher be-stimmter Teilchenzahl n verschwinden (formal wegen ungleicher Zahl von Erzeugungs- und Vernichtungsoperatoren zwischen den Vakuum-Zuständen: $\mathbf{E}$ trägt je einen bei). Aber bzgl. gemischter Teilchenzustände erhalten wir nichtverschwindende Beiträge, z.B. symbolisch

$<1,2|\ \mathbf{E}\ |1,2> = \ldots\ \tfrac{1}{2}\ <0|\ (\ a + a\ a/\sqrt{2}\ )\ \mathbf{a_E}\ (\ a^+ + a^+\ a^+/\sqrt{2}\ )\ |0> + \ldots\ \tfrac{1}{2}\ <0|\ (\ a + a\ a\ /\sqrt{2})\ \mathbf{a^+_E}\ (\ a^+ + a^+\ a^+/\sqrt{2}\ )\ |0>$

$= \ldots\ \tfrac{1}{2}\ 1/\sqrt{2}\ <0|\ a\ \ \mathbf{a_E}\ a^+\ a^+\ |0>\ + \ldots\ \tfrac{1}{2}\ \sqrt{2}\ <0|\ a\ a\ \mathbf{a^+_E}\ a^+\ |0>\ + \ldots \neq 0$

Im ersten Anteil vermittelt das elektrische Feld einen Übergang von einem Zweiphotonen-Zustand in einen Einphotonen-Zustand, also die Absorption eines Photons. Im zweiten Term wird der Übergang eines Einphotonen- in einen Zweiphotonen-Zustand vermittelt (Emission eines Photons durch den Dipol). Ähnliches gilt auch bzgl. kohärenter Zustände mit einer Überlagerung der verschiedensten Teilchenzahl-Zuständen). Damit könnten auch $<\mathbf{E}>$ und $<\mathbf{B}>$ von 0 verschieden sein. Sie begründen eine semiklassische Methode, die die elektromagnetischen Felder durch ihre klassischen Werte ersetzt (s. Kap.6.2).

Immerhin scheinen die Überlegungen anzudeuten, wie man wenigstens einen Anteil der Wechselwirkung des (freien) elektromagnetischen Feld $\mathbf{E}$ mit elektrischen Dipolmomenten $\mathbf{p}$ in der Materie des Nachweisgerätes näherungsweise in den Griff bekommen könnte. Für den Wechselwirkungsoperator gilt ja $H_w = \mathbf{p \cdot E}$.

In erster Näherung könnte man $\mathbf{E}$ semiklassisch behandeln, indem Erwartungswerte der Felder durch klassische Feldstärken ersetzt werden. Das Dipolmoment $\mathbf{p}$ müsste aber unbedingt quantenmechanisch in Rechnung gesetzt werden. Der Wechselwirkungsoperator H_w würde dann störungstheoretisch berücksichtigt werden. (In der QED würde man lieber H_w mit dem Vektorpotenzial formulieren: $H_w = \mathbf{j \cdot A}$; vgl. Literatur). Das soll hier aber nicht ausgeführt werden. Das Verfahren könnte auch den Photoeffekt und die Emission von Licht durch Atome erklären. Genauer muss man mit Ladungen wechselwirkende elektromagnetische Felder mit den Feynman-Diagrammen sehr viel komplexer behandeln.

6 Kohärente Zustände (Glauber-Zustände)

6.1 Definition eines Glauber-Zustands m i t un-bestimmter Photonen-Zahl

Im Unterschied zu Fock-Zuständen (Teilchenzahl-Zuständen mit bestimmter Teilchenzahl n) sind Glauber-Zustände (kohärente Zustände) durch eine un-bestimmte Teilchenzahl gekennzeichnet. Misst man hier die Teilchenzahl jeweils in gleichen Situationen, also auch in gleichen Zeitintervallen, erhält man streuende Messwerte mit einem Erwartungswert $\langle n \rangle$, anders als bei einem Fock-Zustand. Glauber-Zustände bilden eine Brücke zwischen der Quantenelektrodynamik und der klassischen Elektrodynamik.

Glauber [Gl] führte 1963 (Nobelpreis dafür 2005) solche Zustände $|z\rangle$ ein, in denen sich die Erwartungswerte $\langle z|\mathbf{E}|z\rangle$ und $\langle z|\mathbf{B}|z\rangle$ fast wie die entsprechenden klassischen Felder verhalten. Sie ermöglichen/begründen in guter Näherung eine semiklassische Behandlung vieler Vorgänge, z.B. die Absorption von Licht in Atomen. Für elementare Einführungen sind diese Zustände auf qualitativer Basis besonders interessant, weil sie ein Beispiel dafür sind, wie die Quantentheorie in die klassische Physik übergeht. Sie begründen, dass in vielen Fällen eine semiklassische - dabei aus der Quantentheorie entstandene, und sie so in einem hohen Maße berücksichtigende - Behandlung gar nicht so schlecht ist. Kohärente Zustände beschreiben Laserzustände oder unmodulierte Radiowellen sowohl quantenphysikalisch als auch klassisch quasi korrekt.

Glauber konstruierte Überlagerungszustände von Zuständen mit gleichen Wellenzahl-Vektoren $\mathbf{k}$ und gleicher Polarisation s, also k = $(\mathbf{k},s)$ mit beliebig vielen Teilchenzahlen (n = 0, 1, 2, …), passend zu monochromatischen ebenen Wellen („single-mode"):

Er konstruierte Zustände $|z\rangle$ gemäß $|z\rangle = \Sigma_n\, b_n\, |n_k\rangle$, wobei die Entwicklungskoeffizienten $b_n = z^n/\sqrt{(n!)}\, \exp[-\tfrac{1}{2}\,|z|^2]$ mit einer beliebigen komplexen Zahl z sind. $|n_k\rangle = 1/\sqrt{(n!)}\,(a^+_k)^n\,|0\rangle$ ist ein normierter n-Teilchen-Zustand. Weil alle beitragenden Zustände die Quantenzahlen k haben, wie sie etwa zur Strahlung eines Lasers oder eines nichtmodulierten Rundfunksenders passen), lassen wir diese in Zukunft weg („single-mode-Zustände".

Das Skalarprodukt zweier kohärenter Zustände zu gleichem k genügt $|\langle z|z'\rangle|^2 = \exp(-|z-z'|^2)$. Daraus folgt, dass auch $|z\rangle$ normiert ist :

$\langle z|z\rangle = 1$

Jeder dieser Zustände ist also mit der Wahrscheinlichkeit $|b_n|^2 = |z|^{2n}/n!\ \exp(-|z|^{2n})$ beteiligt nach einer Poisson-Verteilung mit einem Maximum und dem Erwartungswert $\langle n\rangle$ der Teilchenzahl, also

$\langle n\rangle = |z|^2$

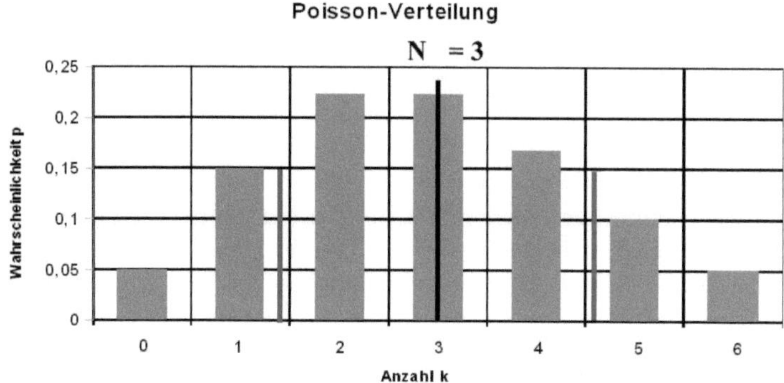

Abb. 4*: Der Erwartungswert $\langle n\rangle$ der Teilchenzahl heißt in der Abbildung N, die einzelnen Teilchenzahlen k (statt n). $\langle n\rangle$ ist hier 3. Die einzelnen Messwerte streuen stark um den Erwartungswert 3, sogar jenseits der Standardabweichung (graue Linie).*

In modernen Standard-Lehrbüchern findet man den Nachweis, dass $|z\rangle$ Eigenvektor des Vernichtungsoperators a ist (Quantenzahlen weggelassen), also

$a|z\rangle = z|z\rangle$ und auch $a^+|z\rangle = z^*|z\rangle$; deshalb ergibt sich [28]

$\langle z|aa|z\rangle = z^2$, $\langle z|a^+a^+|z\rangle = z^{*2}$ und, besonders wichtig:

$\langle z|a^+a|z\rangle = \langle z|n|z\rangle = |z|^2 = \langle n\rangle$: Das Betragsquadrat der komplexen Zahl z ist der Erwartungswert der Photonenzahl! Wegen der Vertauschungsrelationen für a und a^+ gilt auch

$\langle z|aa^+|z\rangle = \langle z|a^+a|z\rangle + 1 = \langle n\rangle + 1$

Bei Messungen der Teilchenzahl würde man für einen festen Zustand $|z\rangle$

28: *z* ist konjugiert komplex zu z.*

streuende Messwerte mit einem Erwartungswert <n> erhalten.

Daraus folgt auch <z|H|z> = $\hbar\omega_k$ <n> , wenn der Anteil der Nullpunkts-Fluktuationen (½ $\hbar\omega_k$) wieder weggelassen wird, ein sehr plausibles Ergebnis.

Weil <z|a|z> = z und <z|a$^+$|z> = z* findet man für den Erwartungswert von **E** in diesem kohärenten Zustand

<z|**E**|z> = - i f ω ε_{ks} { z exp[i(**k**·**x**-ω·t)] – z* exp[-i(**k**·**x**-ω·t)] }

und mit z = |z| exp(i θ), wobei θ ein willkürlicher Phasenwinkel ist:

<z|**E**|z> = 2 f ω ε_{ks} |z| sin[(**k**·**x**-ω·t) + θ] = 2 f ω ε_{ks} $\sqrt{<n>}$ sin[**k**·**x**-ω·t + θ].

Bemerkenswert ist, dass dieser wie andere Erwartungswerte die gleiche Orts- und Zeitabhängigkeit hat wie die klassischen Größen. Dagegen gilt in einem Teilchen-Zustand immer <n|**E**|n> = 0 unabhängig von der Teilchenzahl n. Man kommt also nicht von den quantentheoretischen Erwartungswerten bzgl. Teilchenzuständen zu den zugehörigen klassischen Größen, wenn man die Teilchenzahl n gegen unendlich gehen lässt. Umgekehrt verhält sich bei kohärenten Zuständen der Erwartungswert, selbst für <n> < 1 [29], wie in der klassischen Physik.

Teilchenzahl-Zustände kommen in der Natur nicht vor und lassen sich nur mit speziellen Verfahren technisch herstellen. Kohärente Zustände sind dagegen eher (näherungsweise) realisiert, z.B. bei einem Laser oder bei einer Radiowelle. Deswegen erscheinen Laser und Radiowelle eher klassisch.

6.2 Semiklassische Näherung

Wollte man in der klassischen Elektrodynamik die Energiedichte U berechnen, müsste man die Quadrate der Feldstärken verwenden gemäß

U = ½ [ε_0 **E**^{2} + **B**^{2}/μ_0] = ½ ε_0 [**E**^{2} + c^2**B**^{2}] .

Ob man wohl zu einem ähnlichen Ergebnis kommt, wenn man stattdessen die Quadrate der Erwartungswerte der Feldstärken <z|**E**|z> und <z|**B**|z> verwendet? Probieren wir es aus für eine ebene Welle mit Wellenzahl-Vektor **k**

29: *<n> < 1 kommt zustande, wenn neben n ≥ 1 auch ein Zustand mit n = 0 beiträgt.*

und Polarisationszahl s bei einem kohärenten Zustand mit dem Erwartungswert der Photonenzahl <n>:

Wegen $<z|\mathbf{E}|z> = 2\,f\,\omega\,\varepsilon_{ks}\,\sqrt{<n>}\,\sin[\mathbf{k}\cdot\mathbf{x}-\omega\cdot t + \theta]$. gilt:

$$\varepsilon_0 <z|\mathbf{E}|z>^2 = 4\,\varepsilon_0\,f^2\,\omega^2\,<n>\,\sin^2[\,\mathbf{k}\cdot\mathbf{x}-\omega\cdot t + \theta\,]$$
$$= \hbar\omega/2V\,\{\,4\,<n>\,\sin^2[\mathbf{k}\cdot\mathbf{x}-\omega\cdot t + \theta]\,\}$$
$$= 2\,\hbar\omega/V\,<n>\,\sin^2[\mathbf{k}\cdot\mathbf{x} - \omega\cdot t + \theta]$$

Entsprechend dazu gilt auch mit $\mathbf{B} = \mathbf{k}\ \mathrm{x}\ \mathbf{E}$ für eine single-mode mit dem Wellenzahl-Vektor $\mathbf{k}$:

$$\varepsilon_0\,c^2<z|\mathbf{B}|z>^2 = 2\,\hbar\omega/V\,<n>\,\sin^2[\mathbf{k}\cdot\mathbf{x} - \omega\cdot t + \theta]$$

und für <U>:

$<z|U|z> = 2\,\hbar\omega/V\,<n>\,\sin^2[\mathbf{k}\cdot\mathbf{x}-\omega\cdot t+\theta]$ und im zeitlichen Mittel über eine Periode:

$$\overline{<z|U|z>} = \hbar\omega/V\,<n>$$

Es handelt sich um eine klassische Rechnung, wobei statt der Feldstärken ihre Erwartungswerte bzgl. kohärenter Zustände verwendet werden. Das ist die semiklassische Näherung.

Es ist bereits klassisch plausibel: Wenn für ein Photon die Energiedichte $\hbar\omega/V$ beiträgt, dann tragen im Mittel <n> Photonen eine <n>-fache mittlere Energiedichte bei. Der zeitlich gemittelte Erwartungswert der Energiedichte bei einer ebenen Welle ist unabhängig von Ort und Zeit.

Die Erwartungswerte der Operatoren des Vektorpotenzials $\mathbf{A}$, der elektrischen und der magnetische Flussdichte $\mathbf{B}$ hängen bei kohärenten Zuständen in genau der gleichen Weise von $\mathbf{x}$ und t wie bei einer klassischen ebenen Welle mit dem Wellenzahl-Vektor $\mathbf{k}$ ab. Umgekehrt entspricht dann einer klassischen ebenen Welle mit der Amplitude $|z|$ am ehesten ein entsprechender kohärenter Zustand mit un-bestimmter Photonenzahl n, wobei wie oben die Amplitude der Felder mit dem Erwartungswert der Teilchenzahl <n> zusammenhängt: $|z| = \sqrt{<n>}$. Die Amplitude wächst proportional zur Wurzel vom Erwartungswert der Teilchenzahl <n>, wie man das erwarten würde, aber nur in solchen kohärenten Zuständen.

Für die Energiedichte einer ebenen Welle mit dem Wellenzahl-Vektor $\mathbf{k}$ erhält man also im zeitlichen Mittel z.B.: $\quad \overline{<z|U_{\overline{SK}}|z>} = \hbar\omega/V <n>$ [30].

Die Erwartungswerte $<z|\mathbf{E}|z>$ und $<z|\mathbf{B}|z>$ kann man in vielen Fällen näherungsweise durch die klassischen Feldstärken ersetzen. Das hatten Sie schon oben an $<z|\mathbf{E}^2|z> \approx <z|\mathbf{E}|z>^2$ vermuten können.

Statt der semiklassischen Berechnung eine **voll quantentheoretische** hätte dasselbe Ergebnis mit einem konstanten Zusatzterm geliefert, der unabhängig von der Photonenzahl ist (Anhang Kap. 6.5) [31]:

$$<z|U_{QT}|z> = 2\,\hbar\omega/V \left\{ <n>\sin^2[\,\mathbf{k}\cdot\mathbf{x}-\omega\cdot t + \theta] + \tfrac{1}{4} \right\}.$$

Beim Zusatzterm handelt sich um den single-mode-Beitrag zur Nullpunktsenergie, der vielfach ohne Schaden weggelassen werden kann, insbesondere in guter Näherung, wenn der Erwartungswert der Photonenzahl $<n> = |z|^2$ sehr groß ist.

Im Zeitmittel also

$$\overline{<z|U_{\overline{QT}}|z>} = \hbar\omega/V \left\{ <n> + \tfrac{1}{2} \right\} \text{ bzw. } \overline{<z|U_{\overline{QT}}|z>} = \hbar\omega/V <n>\,.$$

Das ist ein Beispiel dafür, dass man mit den Erwartungswerten von $\mathbf{E}$ und $\mathbf{B}$, also $<z|\mathbf{E}|z>$ und $<z|\mathbf{B}|z>$, in kohärenten Zuständen vielfach näherungsweise so rechnen kann als handle es sich um klassische elektromagnetischen Feldstärken, obwohl die Quantentheorie des freien elektromagnetischen Felds durch den kohärenten Zustand weitgehend berücksichtigt ist. Das begründet die semiklassische Methode, bei der vielfach statt mit den Erwartungswerten von $\mathbf{E}$ und $\mathbf{B}$ bzgl. kohärenter Zustände mit den klassischen Größen in guter Näherung gerechnet wird. Eine solche Überlegung wurde auch erfolgreich angewendet z.B. bei der Wechselwirkung von Photonen mit den Ladungen von Nachweisgeräten.

30: *SK für semiklassisch.*

31: *QT für quantentheoretisch.*

6.3 Kohärente Zustände und klassische Physik

$\Delta n/\langle n\rangle$ ist die relative Streuung (Varianz) der Erwartungswerte von Teilchenzahl n, und entsprechend von H, von **A** oder **E** und **B** oder die Phase.

Welche Konsequenzen sich für die Streuung $\Delta n = [\langle z| (n - \langle n\rangle)^2 |z\rangle]^{1/2}$ im Zustand $|z\rangle$ und die relative Streuung ergeben, soll hier nicht genauer behandelt werden. Es sei nur erwähnt, dass sich auch die relative Streuung $\Delta H/\langle z|H|z\rangle = \Delta H/\langle H\rangle$ verhält wie $1/\sqrt{\langle n\rangle}$ für $\langle n\rangle => \infty$, d.h. für wachsende mittlere Photonenzahl wird zwar die Streuung größer (prop. $\sqrt{\langle n\rangle}$), aber die relative Streuung (prop. $\sqrt{\langle n\rangle}/\langle n\rangle$) strebt gegen 0: Mit zunehmender Photonenzahl werden die Energie (gemäß Hamilton-Operator H) und die quantisierten Felder in kohärenten Zuständen immer „klassischer" (vgl. Ehrenfest-Theorem).

Diesen Übergang zur klassischen Physik schafft man offensichtlich nicht, wenn man in einem Zustand mit be-stimmter Teilchenzahl n nur diese gegen unendlich gehen lässt. Hier irren manche einführenden Darstellungen.

Die Vertauschungsrelationen für Photonenzahl und Phase φ (der ebenen Welle; außer φ alles Operatoren)

$$[n,\cos(\varphi)] = -i\,\sin(\varphi)$$

$$[n,\sin(\varphi)] = -i\,\cos(\varphi)$$

führen zu den Un-bestimmtheitsrelationen [Lo]

$$\Delta n\,\Delta\cos(\varphi) \geq \tfrac{1}{2}\,|\langle\sin(\varphi)\rangle|$$

$$\Delta n\,\Delta\sin(\varphi) \geq \tfrac{1}{2}\,|\langle\cos(\varphi)\rangle|$$

Geringe Streuung der Teilchenzahl bedingt große Phasenstreuung, geringe Phasenstreuung bedingt große Streuung der Teilchenzahl. Diese Vertauschungsrelationen zeigen einerseits den Quantencharakter der kohärenten Zustände mit den korrelierten statistischen Streuungen von Photonenzahl und Phase, aber auch den verschwindenden Limes der beiden *relativen* Streuungen, wenn die mittlere Photonenzahl $\langle n\rangle$ gegen unendlich geht (auch wegen $|\langle\sin(\varphi)\rangle| \leq 1$, $|\langle\cos(\varphi)\rangle| \leq 1$). In diesem Grenzfall sind die Streuungen von Photonenzahl und Phase gegenüber den Absolutwerten vernachlässigbar: Photonenzahl/Amplitudenquadrat und Phase sind wie einer ebenen Welle praktisch „scharf".

6.4 Konsequenzen der Poisson-Verteilung für die Schule

In der Schule werden die meisten Licht-Versuche (stehende Wellen, Interferenz, Polarisationsexperimente, …) mit klassischen elektromagnetischen Wellen (z.B. Laser) durchgeführt. Dafür sind also quantentheoretische kohärente Zustände, in der Regel über die semiklassische Näherung, die richtige Beschreibungsweise. Es soll hier aber nicht angeregt werden, sie im Unterricht zu behandeln. Es ist auch kein Wunder, dass z.B. Polarisationsexperimente mit einzelnen Photonen ähnliche Ergebnisse wie elektromagnetische Wellen ergeben. Selbst wenn der Lehrer nicht davon spricht, sollte er sich m.E. des Zusammenhangs mit kohärenten Zuständen bewusst sein, insbesondere, dass die Amplitude mit der Wurzel von <n> wächst. Dagegen verschwinden Erwartungswerte der Felder in Fock-Zuständen selbst bei beliebiger be-stimmter Photonenzahl.

Echte Einzelphotonen-Experimente (z.B. G-R-A-Experiment, Polarisationsexperimente mit einzelnen Photonen, …) sind in der Schule normalerweise nur in der Simulation verfügbar, es sei denn, man hat Zugang zu teueren Anordnungen wie etwa vom Erlanger Quantenlabor. Die Theorie für einzelne Photonen zeigt einen Ausweg.

Ein Wort zur Poisson-Verteilung von Photonen in Glauber-Zuständen. Im monochromatischen Licht eines Lasers sind die Photonenzahlen Poisson-verteilt. Man könnte auf die Idee kommen, sich Einzel-Photonen-Experimenten zu nähern, indem man durch Graufilter die Photonenzahl reduziert. Leider wird dabei die Poisson-Verteilung im wesentlichen beibehalten. Ist es gelungen, <n> = 1 in einem bestimmten Zeitabschnitt zu erzielen, so können Messwerte in gleich großen Zeitintervallen dennoch streuen: n = 0, 3, 2, 5, … , aber gelegentlich, vielleicht vermehrt, auch n = 1 ergeben (vgl. Abb. 4). Es handelt sich um kein echtes Einzel-Photonen-Experiment!

6.5 Anhang: Quantentheoretische Berechnungen von $\langle z|\,E^2|z\rangle$, $\langle z|\,B^2|z\rangle$ und $\langle z|U\,|z\rangle$ mit kohärenten Zuständen bei einer ebenen Welle

Wir knüpfen an Kap. 3.5 an.

Es stellt sich heraus, dass nach Integration über den ganzen Raum von P nur jeweils die erste Klammer (P_1) überlebt.

oder mit $P = P_1 + P_2$ (Kap. 3.5), wobei $\mathbf{k} = \mathbf{k}'$

$P_1 = -\,[\,a_{ks}\,a^+_{k's'}\,e^+e^{-'} + a^+_{ks}\,a_{k's'}\,e^-e^{+'}\,] = -\,[\,a^+_{k's'}\,a_{ks}\,e^+e^{-'} + a^+_{ks}\,a_{k's'}\,e^-e^{+'} + \delta_{kk'}e^+e^{-'}\,]$

$P_2 = \ \ [\,a_{ks}\,a_{k's'}\,e^+e^{+'} + a^+_{ks}\,a^+_{k's'}\,e^-e^{-'}\,]$

$\langle z|\,P_1\,|z\rangle = -\,[\,(\langle n\rangle+1) + \langle n\rangle\,] = -[2\langle n\rangle +1] = -\,[\,2\,|z|^2 +1\,]$

$\langle z|\,P_2\,|z\rangle = z^2\,e^+e^{+'} + z^{*2}\,e^-e^{-'} = z^2\exp[\,2i(\mathbf{k}\cdot\mathbf{x}-\omega\cdot t)] + z^{*2}\exp[\,-2i(\mathbf{k}\cdot\mathbf{x}-\omega\cdot t)]$

$= 2\,|z|^2\cos[2(\mathbf{k}\cdot\mathbf{x}\,x-\omega\cdot t+\theta)]$ wegen $z = |z|\exp(i\theta)$, also

$\langle z|P|z\rangle = -\,\{2\,|z|^2 + 1 + 2\,|z|^2\cos[2(\mathbf{k}\cdot\mathbf{x}-\omega\cdot t+\theta)]\} = -\,2\,|z|^2\{1 - \cos[2(\mathbf{k}\cdot\mathbf{x}-\omega\cdot t+\theta)]\} - 1$

$= -\,2\,\langle n\rangle\,\{1 - \cos[2(\mathbf{k}\cdot\mathbf{x}-\omega\cdot t+\theta)]\} - 1$

$= -\,4\,\langle n\rangle\,\sin^2[\mathbf{k}\cdot\mathbf{x}-\omega\cdot t+\theta] - 1$, also

$\langle z|\,E^2|z\rangle = f^2\,\omega^2\ \ 4\,\langle n\rangle\,\sin^2[\mathbf{k}\cdot\mathbf{x}-\omega\cdot t+\theta] + f^2\,\omega^2$

Es stimmt bis auf den konstanten Faktor $f^2\,\omega^2\,\langle n\rangle = \hbar\omega/(2\varepsilon_0 V)\,\langle n\rangle$ mit der klassischen Rechnung überein.

Mit $\ \ f = [\hbar/(2\varepsilon_0\,V\omega_k)]^{1/2}$:

$\varepsilon_0\,\langle z|\,E^2|z\rangle = \varepsilon_0\,f^2\,\omega^2\ \ 4\,\langle n\rangle\,\sin^2[\mathbf{k}\cdot\mathbf{x}-\omega\cdot t+\theta] + \varepsilon_0\,f^2\,\omega^2$

$= 2\,\hbar\omega/V\,\{\,\langle n\rangle\,\sin^2[\mathbf{k}\cdot\mathbf{x}-\omega\cdot t+\theta] + \tfrac{1}{4}\,\}$

Analog für das Magnetfeld

$\varepsilon_0\,c^2\,\langle z|\,B^2\,|z\rangle = \varepsilon_0\,f^2\,k^2\ c^2\,\{\,[\,2\,|z|^2 +1\,] - 2\,|z|^2\cos[2(\mathbf{k}\cdot\mathbf{x}-\omega\cdot t+\theta)]\,\}$

$= 2\,\hbar\omega/V\,\{\,|z|^2\,\sin^2[\mathbf{k}\cdot\mathbf{x}-\omega\cdot t+\theta] + \tfrac{1}{4}\,\}$

also

$\langle z|\,U\,|z\rangle = \tfrac{1}{2}\,\varepsilon_0\,[\langle z|\,E^2|z\rangle + c^2\,\langle z|\,B^2\,|z\rangle\,]$

$= \hbar\omega/V\,\{\,\langle n\rangle\,\sin^2[\mathbf{k}\cdot\mathbf{x}-\omega\cdot t+\theta] + \tfrac{1}{4}\,\} + \langle n\rangle\,\sin^2[\mathbf{k}\cdot\mathbf{x}-\omega\cdot t+\theta] + \tfrac{1}{4}\,\}$

$= 2\,\hbar\omega/V\,\{\,\langle n\rangle\,\sin^2[\mathbf{k}\cdot\mathbf{x}-\omega\cdot t+\theta] + \tfrac{1}{4}\,\}$

und im zeitlichen Mittel:

$$\overline{\langle z|\,U\,|z\rangle} = \hbar\omega/V\,(\,\langle n\rangle + \tfrac{1}{2}\,),$$

bis auf den konstanten Zusatzterm $\tfrac{1}{2}\,\hbar\omega/V$ in Übereinstimmung mit der semiklassischen Näherung.

7 Wahrscheinlichkeitsaussagen und der objektive Zufall

Hier wird der objektive Zufall für Photonen mit den zugehörigen Wahrscheinlichkeitsaussagen aus der Sicht der QED erläutert. Zu den eindrucksvollsten Phänomenen der Quantenphysik zählt, dass in bestimmten Fällen Messungen in jeweils der gleichen Situation streuende Messwerte liefern, während in anderen Fällen sich jeweils der gleiche Messwert ergibt, solange der Zustand des Systems in der Zwischenzeit nicht von außen verändert wird. Bei Elektronen oder anderen „Masseteilchen" werden statistische Streuungen in der Schule meist mit „Wellen" und Wellenfunktionen in Verbindung gebracht. Das Betragsquadrat der Wellenfunktion entspricht der Wahrscheinlichkeitsdichte für die Messung eines „Masseteilchens" in der Umgebung eines bestimmten Ortes. Für Photonen gibt es jedoch keine ortsabhängigen Wellenfunktionen. Dennoch zeigt sich der objektive Zufall mit objektiven Wahrscheinlichkeiten auch hier in statistischen Streuungen von Messergebnissen. Das wird hier an einigen Beispielen demonstriert.

Es wird daran erinnert, wie in der Quantentheorie Wahrscheinlichkeiten aus dem Skalarprodukt berechnet werden: Wenn man weiß, dass sich das System in einem Zustand |k> befindet, ist bei einer Messung die Wahrscheinlichkeit für das Ergebnis |g>: $|\langle g|k\rangle|^2$. Dazu gibt es keine klassische Entsprechung. Z.B. können folgende Fragestellungen geklärt werden:

Mit welcher Wahrscheinlichkeit tritt

- bei einem Photon mit un-bestimmter Polarisation die Polarisation s ein?
- bei einem Photon mit un-bestimmtem Impuls der Impuls h**k** ein?
- bei einem Photonen-Zwilling ein be-stimmter Zustand **k**,s ein?
- bei einem Photonen-Zwilling ein be-stimmter Zustand **k**",s" ein, wenn **k**,s gemessen wird?
- bei einem Photon mit un-bestimmtem Impuls die Energie E ein?
- bei einem kohärenten Zustand mit mittlerer Photonenzahl <n> = 2 die Photonenzahl 1 ein?
- Der Erwartungswert der normierte n Energiedichte hat beim Doppelspalt nahe eines Schirms Minima und Maxima. Grund dafür?
- Der Erwartungswert der normierten Energiedichte hat bei stehenden Wellen in einem Hohlraum-Resonator an bestimmten Stellen Knoten und Bäuche. Was besagt das?

7.1 Wahrscheinlichkeiten bei Einphotonen-Zuständen

1. Ein Photon befinde sich beim einem Hohlraum-Resonator in einem Zustand mit un-bestimmte m Impuls, aber be-stimmte r Polarisation s: $|s\rangle = 1/\sqrt{2}\,[\,a^+_{ks} + a^+_{-ks}\,]\,|0\rangle$. Wie groß ist dann die Wahrscheinlichkeit, dass das (Test-)Photon mit den Quantenzahlen k' bei einer Messung in einem Zustand $|k,s\rangle$ gefunden wird?

Die Wahrscheinlichkeitsamplitude ist

$\langle k',s|s\rangle = 1/\sqrt{2}\,\langle 0|\,a_{k's}\,|\,[\,a^+_{ks} + a^+_{-ks}\,]|0\rangle =$

$= 1/\sqrt{2}\,\{\,\langle 0|\,a_{k's}\,a^+_{ks}\,|0\rangle + \langle 0|\,a_{k's}\,a^+_{-ks}\,]|0\rangle\} =$

$= 1/\sqrt{2}\,\{\,\langle 0|\delta_{k',k}\,|0\rangle + \langle 0|\,a^+_{ks}\,a_{k's}\,|0\rangle + \langle 0|\delta_{k',-k}\,|0\rangle + \langle 0|\,a^+_{-ks}\,a_{k's}\,|0\rangle\,\} =$

$= 1/\sqrt{2}\,\{\,\langle 0|\delta_{k',k}\,|0\rangle + \langle 0|\delta_{k',-k}\,|0\rangle\,\}\quad$, da $a_{k's}\,|0\rangle = 0$

$= 1/\sqrt{2}\,\{\,\delta_{k',k}\,\langle 0|0\rangle + \delta_{k',-k}\,\langle 0|0\rangle\,\}$

$= 1/\sqrt{2}\,\{\,\delta_{k',k} + \delta_{k',-k}\,\}\quad$, da der Vakuum-Zustand normiert ist ($\langle 0|0\rangle = 1$).

Wenn also der Testwert **k'** mit **k** oder mit **-k** übereinstimmt, ist die Wahrscheinlichkeitsamplitude $1/\sqrt{2}$, die Wahrscheinlichkeit für eine Messung des Photons $|\mathbf{k'},s\rangle$ im Zustand $|\mathbf{k},s\rangle$ bzw. im Zustand $|\text{-}\mathbf{k},s\rangle$ ist jeweils ½. Der gemessene Photonenimpuls ist dann $\hbar\mathbf{k}$ bzw. $-\hbar\mathbf{k}$. Sonst ist die Wahrscheinlichkeit 0. Ohne eine Messung ist der Impuls - und in anderen Fällen auch die Polarisation - un-bestimmt.

2. Ein Photon befinde sich in einem Zustand mit be-stimmtem Impuls, aber un-bestimmter Polarisation: $|k\rangle = 1/\sqrt{2}\,[\,a^+_{ks} + a^+_{ks''}\,]\,|0\rangle$ (s $\neq$ s''). Wie groß ist dann die Wahrscheinlichkeit, dass das Photon bei einer Messung in einem Zustand $|k,s'\rangle$ gefunden wird?

Die Wahrscheinlichkeitsamplitude ist

$\langle \mathbf{k},s'|k\rangle = 1/\sqrt{2}\,\langle 0|\,a_{ks'}\,|\,[\,a^+_{ks} + a^+_{ks''}\,]|0\rangle =$

$= 1/\sqrt{2}\,\{\,\langle 0|\,a_{ks'}\,a^+_{ks}\,|0\rangle + \langle 0|\,a_{ks'}\,a^+_{ks''}\,]|0\rangle\} =$

$= 1/\sqrt{2}\,\{\,\delta_{s',s} + \delta_{s',s''}\,\}\quad$, da der Vakuum-Zustand normiert ist ($\langle 0|0\rangle = 1$).

Wenn also s' mit s oder mit s'' übereinstimmt, ist die Wahrscheinlichkeit für eine Messung des Photons im Zustand $|\mathbf{k},s\rangle$ bzw. im Zustand $|\mathbf{k},s''\rangle$ jeweils ½. Die gemessene Photonenpolarisation ist dann s bzw. s''. Sonst ist die Wahrscheinlichkeit 0. Ohne eine Messung ist die Polarisation un-bestimmt.

3. Ein einzelnes Photon befinde sich in einem (Einphotonen-) Zustand $|1>$ mit be-stimmtem Impuls $\hbar\mathbf{k}$ und be-stimmter Polarisation s:

$$|1> = |\mathbf{k},s> = a^+_{ks}\,|0>$$

Das ist auch ein Eigenzustand des Energie-Operators und es gilt für den Energie-Eigenwert und den Erwartungswert der Energie $<1|H|1> = \hbar\omega_k$. Andererseits wurde der Energie-Operator mit der Energiedichte $U(\mathbf{x})$ über das Volumenintegral definiert. Entsprechend folgt auch für die Erwartungswerte:

$$\int_V <1|U(\mathbf{x})|1>\,d^3x = \hbar\omega_k$$

Der Quotient $<1|U(\mathbf{x})|1>/\hbar\omega_k$ ist sozusagen auf 1 normiert, ich nenne ihn „den normierte n Erwartungswert der Energiedichte" oder kurz die „**normierte Energiedichte**". Das ähnelt sehr einer ortsabhängige n Wahrschein-lichkeitsdichte. Aber worüber sollte sie eine Aussage machen? Das Photon als Anregungs-Zustand des elektromagnetischen Felds hat keinen Ort. Des-wegen scheitert bei „freien" Photonen der Versuch, sie mit der Wahrschein-lichkeit dafür in Verbindung zu bringen, ein Photon an einer bestimmten Stelle zu messen. „Aufenthaltswahrscheinlichkeit" ist ohnehin ein irrefüh-render Begriff, weil sich Quantenteilchen ohne eine Messung nirgends auf-halten, auch nicht mit einer gewissen Wahrscheinlichkeit. Das Verständnis für die Messung eines Photon an einer bestimmten Stelle erfordert auch Kenntnisse über die Wechselwirkung des Photons mit der Materie (Ladun-gen) des Nachweisgerätes an dieser Stelle. Diese fehlt für das freie elektro-magnetische Feld. Dennoch ist der Begriff „normierte Energiedichte" sehr nützlich, wie Sie sehen werden.

7.2 Wahrscheinlichkeiten bei Photonen-Zwillingen

1.a) $|\mathbf{k}, s, \mathbf{k}',s'> = 1/\sqrt{2}\,[a^+_{ks}\,a^+_{k's'} + a^+_{ks'}\,a^+_{k's}]|0>$ sei der Zustand eines **Pho-tonen-Zwillings**. Mit welcher Wahrscheinlichkeit wird ein Photon $|\mathbf{k}",s">$ und zugleich ein Photon $|\mathbf{k},s>$ gefunden? ($\mathbf{k} \neq \mathbf{k}'$, $s \neq s'$)

(Wenn im Spezialfall $\mathbf{k}' = -\mathbf{k}$ ist, ist $|\mathbf{k}, s, \mathbf{k}',s'>$ ein Eigenzustand von H und **P**)

Also bis auf den Normierungsfaktor $1/\sqrt{2}$:

$\langle 0|\, a_{k``s``}\, a_{ks}\, [\, a^+_{ks}\, a^+_{k's'} + a^+_{ks'}\, a^+_{k's}\,]|0\rangle =$

$\langle 0|\, a_{k``s``}\, a_{ks}\, a^+_{ks}\, a^+_{k's'}\, |0\rangle + \langle 0|\, a_{k``s``}\, a_{ks}\, a^+_{ks'}\, a^+_{k's}\,]|0\rangle$

$\langle 0|\, a_{k``s``}\, a_{ks}\, a^+_{ks}\, a^+_{k's'}\, |0\rangle =$

$\langle 0|\, a_{k``s``}\, a^+_{k's'}\, |0\rangle + \langle 0|\, a_{k``s``}\, a^+_{ks}\, a_{ks}\, a^+_{k's'}\, |0\rangle =$

$\langle 0|\, a_{k``s``}\, a^+_{k's'}\, |0\rangle + \langle 0|\, a_{k``s``}\, a^+_{ks'}\, a^+_{k's}\, a_{ks}\, |0\rangle =$

$\langle 0|\, a_{k``s``}\, a^+_{k's'}\, |0\rangle = \delta_{s``s'}\, \delta_{k``k'}$

analog

$\langle 0|\, a_{k``s``}\, a_{ks}\, a^+_{ks'}\, a^+_{k's}\, |0\rangle =$

$\delta_{ss'}\, \langle 0|\, a_{k``s``}\, a^+_{k's}\, |0\rangle + \langle 0|\, a_{k``s``}\, a^+_{ks'}\, a_{ks}\, a^+_{k's}\, |0\rangle =$

$\delta_{ss'}\, \langle 0|\, a_{k``s``}\, a^+_{k's}\, |0\rangle + \langle 0|\, a_{k``s``}\, a^+_{ks'}\, a^+_{k's}\, a_{ks}\, |0\rangle + \langle 0|\, a_{k``s``}\, a^+_{ks'}\, |0\rangle + \delta_{kk'}\, \langle 0|0\rangle =$

0 , da $s \neq s'$ und $k \neq k'$

also zusammen:

$1/\sqrt{2}\, \langle 0|\, a_{k``s``}\, a_{ks}\, [\, a^+_{ks}\, a^+_{k's'} + a^+_{ks'}\, a^+_{k's}\,]|0\rangle =$

$1/\sqrt{2}\, \langle 0|\, \delta_{s``s'}\, \delta_{k``k'}\, |0\rangle =$

$1/\sqrt{2}\, \delta_{s``s'}\, \delta_{k``k'}\, \langle 0|0\rangle =$

$1/\sqrt{2}\, \delta_{s``s'}\, \delta_{k``k'}$ (Teil 1)

D i e Wahrscheinlichkeitsamplitude für das gemeinsame Auftreten eines Paars von Photonen mit $\mathbf{k}$,s und $\mathbf{k}'$,s' ist $1/\sqrt{2}$, sonst 0.

Ähnlich gilt: $1/\sqrt{2}\, \langle 0|\, a_{k``s``}\, a_{ks'}\, [\, a^+_{ks}\, a^+_{k's'} + a^+_{ks'}\, a^+_{k's}\,]|0\rangle = 1/\sqrt{2}\, \delta_{s``s}\, \delta_{k``k'}$ (Teil 2)

(Testwerte jeweils $\mathbf{k}$,s und $\mathbf{k}``$,s``)

Zusammen mit den Quantenzahlen $\mathbf{k}$,s können hier nur die Quantenzahlen $\mathbf{k}'$,s' mit von 0 verschiedener Wahrscheinlichkeit auftreten (wenn also $\mathbf{k}`` = \mathbf{k}'$ und s`` = s'; Teil 1); zusammen mit $\mathbf{k}$,s' nur $\mathbf{k}'$,s (wenn also $\mathbf{k}`` = \mathbf{k}'$ und s`` = s; Teil 2). Also dafür, dass ein bestimmtes der beiden Photonenpaare gemessen werden soll, aus denen der Photonen-Zwilling „entstanden" ist, ist die Wahrscheinlichkeit von 0 verschieden und gleich ½. Das hätte man auch erwartet! Bei Messungen treten immer die bestimmten Mischungen der Quantenzahlen auf, die durch die Eigenschaften des Photonen-Zwilling festgelegt sind, keine anderen. Nur solche Kombinationen von Quantenzahlen werden gefunden, zufällig die eine oder die andere Kombination, jeweils mit der Wahrscheinlichkeit ½, welche, ist un-bestimmt, ist dem objektiven Zufall unterworfen.

1.b) $| \mathbf{k}, s, \mathbf{k'}, s' \rangle = 1/\sqrt{2}\,[\, a^+_{ks}\, a^+_{k's'} + a^+_{ks'}\, a^+_{k's} \,]|0\rangle$ sei der Zustand eines Photonen-Zwillings mit $\mathbf{k} \neq \mathbf{k'}$ und $s \neq s'$. Mit welcher Wahrscheinlichkeit wird ein Photonenpaar $|g,r,h,t\rangle$ gefunden? (Das „Testpaar" $|g,r,h,t\rangle$ sei normiert; es gelte $\mathbf{g} \neq \mathbf{h}$, $r \neq t$)?

Weil es auf die Reihenfolge nicht ankommt, fügen wir einen Faktor ½ hinzu und lassen vorläufig den Normierungsfaktor $1/\sqrt{2}$ weg:

Wir wollen also die folgende Wahrscheinlichkeitsamplitude berechnen:

$$\langle 0|\, a_{gr}\, a_{ht}\, [\, a^+_{ks}\, a^+_{k's'} + a^+_{ks'}\, a^+_{k's} \,]|0\rangle$$

$$= \langle 0|\, a_{gr}\, a_{ht}\, a^+_{ks}\, a^+_{k's'}\, |0\rangle + \langle 0|\, a_{gr}\, a_{ht}\, a^+_{ks'}\, a^+_{k's}\, |0\rangle$$

1. Teil:

$$\langle 0|\, a_{gr}\, a_{ht}\, a^+_{ks}\, a^+_{k's'}\, |0\rangle$$

$$= \delta_{hk}\, \delta_{ts}\, \langle 0|\, a_{gr}\, a^+_{k's'}\, |0\rangle + \langle 0|\, a_{gr}\, a^+_{ks}\, a_{ht}\, a^+_{k's'}\, |0\rangle$$

$$= \delta_{hk}\, \delta_{ts}\, \langle 0|\, a_{gr}\, a^+_{k's'}\, |0\rangle + \delta_{hk'}\, \delta_{ts'}\, \langle 0|\, a_{gr}\, a^+_{ks}\, |0\rangle + \langle 0|\, a_{gr}\, a^+_{ks}\, a^+_{k's'}\, a_{ht}|0\rangle$$

$$= \delta_{hk}\, \delta_{ts}\, \langle 0|\, a_{gr}\, a^+_{k's'}\, |0\rangle + \delta_{hk'}\, \delta_{ts'}\, \langle 0|\, a_{gr}\, a^+_{ks}\, |0\rangle$$

$$= \delta_{hk}\, \delta_{ts}\, \delta_{gk'}\, \delta_{rs'}\langle 0|0\rangle + \delta_{hk'}\, \delta_{ts'}\, \delta_{gk}\, \delta_{rs}\langle 0|0\rangle = \delta_{hk}\, \delta_{ts}\, \delta_{gk'}\, \delta_{rs'} + \delta_{hk'}\, \delta_{ts'}\, \delta_{gk}\, \delta_{rs}$$

Nur wenn die Quantenzahlen des einen Testphotons mit einem Photon des Zwillings übereinstimmen (z.B. $\mathbf{h}$,t mit $\mathbf{k}$,s) erhalten wir von diesem Anteil einen nichtverschwindenden Beitrag zur Wahrscheinlichkeitsamplitude, aber auch nur dann, wenn das 2. Testphoton mit dem anderen Photon des Zwillings übereinstimmt (also $\mathbf{g}$,r mit $\mathbf{k'}$,s').

2. Teil entsprechend:

$$\langle 0|\, a_{gr}\, a_{ht}\, a^+_{ks'}\, a^+_{k's} \,]|0\rangle = \delta_{hk}\, \delta_{ts'}\, \delta_{gk'}\, \delta_{rs} + \delta_{hk'}\, \delta_{ts}\, \delta_{gk}\, \delta_{rs'}$$

Vertauschungen brauchen nicht doppelt gezählt werden.

Insgesamt erhalten wir inkl. des Normierungsfaktor $1/\sqrt{2}$:also

$$1/\sqrt{2}\, \langle 0|\, a_{gr}\, a_{ht}\, [\, a^+_{ks}\, a^+_{k's'} + a^+_{ks'}\, a^+_{k's} \,]|0\rangle$$

$$= \tfrac{1}{2}\, 2\, 1/\sqrt{2}\, [\delta_{hk}\ \delta_{ts'}\, \delta_{gk'}\ \delta_{rs} + \delta_{hk'}\ \delta_{ts}\, \delta_{gk}\, \delta_{rs'}\,] = 1/\sqrt{2}\, [\delta_{hk}\ \delta_{ts'}\, \delta_{gk'}\ \delta_{rs} + \delta_{hk'}\ \delta_{ts}\, \delta_{gk}\, \delta_{rs'}\,]$$

Wenn also das Testpaar mit dem einem Paar des Zwillings übereinstimmt, z.B. **h** = **k**; t = s' und zugleich **g** = **k'**; r = s, oder mit **h** = **k'**; t = s und zugleich **g** = **k**; r = s', dann ist die Wahrscheinlichkeitsamplitude $1/\sqrt{2}$, die Wahrscheinlichkeit ½ für jede der beiden Möglichkeiten. Das war eigentlich von vornherein klar. So ist ja der Photonen-Zwilling konstruiert („Geburtsurkunde"[32]). Es wurde aber gezeigt, dass bei einer Messung immer nur eines der Photonenpaare im Zwilling gefunden werden kann. Sonstige Wahrscheinlichkeiten verschwinden.

Oder, wenn im Spezialfall **k'** = -**k**: Wenn also das Testpaar mit dem einem Paar des Zwillings übereinstimmt, z.B. **h** = **k**; t = s' und zugleich **g** = -**k**; r = s, oder mit **h** = -**k**; t = s und zugleich **g** = **k**; r = s', dann ist die Wahrscheinlichkeit ½ für jede der beiden Möglichkeiten. Auch das war eigentlich von vornherein klar. So ist ja der Photonen-Zwilling konstruiert („Geburtsur-kun-de"[33]). Es wurde hier aber gezeigt, dass bei einer Messung immer nur eines der Photonenpaare im Zwilling gefunden werden kann. Sonstige Wahrscheinlichkeiten verschwinden. D.h., ganz gleich, welcher Impuls hk nach der „Zerlegung" des Zwillings durch die Messung entsteht, das zweite Photon muss den Impuls -hk haben mit der jeweiligen Polarisation[34]. Das ist das Experiment des **EPR-Gedankenexperiments** [Ein], wie es von Aspect u.a. [Asp] für die Polarisation und von Rarity u.a. [Rar] für die Impulse durchgeführt wurde. Der Ausgang des Experiments ist hiermit theoretisch bewiesen.[35] Man hätte nichts anderes erwartet.

32: *Siehe Fußnote 25*

33: *Siehe Fußnote 25*

34: *Der Ort der zweiten Messung spielt keine Rolle (vgl. „selbst wenn das zweite Photon mitt-lerweile den Rand des Weltalls erreicht haben sollte"). Man kann zwar einen Detektor ir-gendwo im Raum aufstellen, aber ohne ihn hat ein Photon keinen Ort.*

35: *Damit steht fest, dass man die HUR nicht umgehen kann, indem man z.B. an einem Teil-chen den Ort und am anderen Teilchen den Impuls misst, in der vergeblichen Absicht, für beide Teilchen Ort und Impuls angeben zu können. Vielmehr ist für beide Teilchen der Im-puls be-stimmt und damit der Ort nach der HUR un-bestimmt. Ein „freies" Photon hat oh-nehin keinen Ort.*

　　　　　　　　　　　　　　　　　　　

7.3 Wahrscheinlichkeiten bei kohärenten Zuständen

Das System befinde sich in einem kohärenten Zustand $|z\rangle$ mit dem Erwartungswert der Teilchenzahl $\langle n\rangle = |z|^2$. Wie groß ist die Wahrscheinlichkeit, bei einer Messung in einem bestimmten Zeitintervall gerade $m = |z|^2$ Photonen zu finden?

Die Wahrscheinlichkeitsamplitude dafür ist $\langle m|z\rangle = \Sigma_n\, b_n\, \langle m|n\rangle = b_m = z^m/\sqrt{(m!)}\,\exp[-\tfrac{1}{2}\,|z|^2]$, die Wahrscheinlichkeit also $P(m) = \langle n\rangle^m/\sqrt{(m!)}\,\exp[-\langle n\rangle]$. Das entspricht genau der Poisson-Verteilung (vgl. Abb. 4).

8 Anwendung auf Grundsituationen der Quantenphysik

8.1 Stehende Wellen im Hohlraum-Resonator

An einen klassischen Hohlraum-Resonator wurde schon in Kap. 2 erinnert. Klassische Eigenschwingungen erhält man, wenn man in jede Dimension ein ganzzahliges Vielfache der halben Wellenlänge einpasst, wenn sich also stehende Wellen ausbilden können (Abb. 1).

Elektromagnetische Eigenschwingungen eines Hohlraum-Resonators spielen u.a. in der Atomphysik im Zusammenhang mit Rydberg-Atomen eine große Rolle.

Man kann z.B. die Eigenfrequenz durch die Dimensionen des Resonators so abstimmen, dass dieser ein Photon eines hoch angeregten Rydberg-Atoms[36] besonders begierig aufnimmt, dass er also das Atom zur schnellen Abgabe des Photons zwingt. Dann stimmt die Übergangsfrequenz des Atoms mit einer Resonanzfrequenz überein. Oder, man kann die beiden Frequenzen so gegeneinander verstimmen, dass der Resonator ein solches Photon nur ungern aufnimmt. Im ersten Fall verringert der Hohlraum die Lebensdauer des angeregten Atom-Zustands beträchtlich, im zweiten Fall vergrößert er die Lebensdauer des angeregten Zustands. Bis zu 30 s wurden so schon gemessen statt der typischen 10^{-8} s. Und all das funktioniert mit einem einzigen Photon!

Von Scully, Englert und Walther (1991) stammt ein Gedankenexperiment, das modifiziert mittlerweile realisiert wurde: In einem Doppelspalt-Experiment mit (Rydberg-)Atomen soll der Durchtrittsort bestimmt werden. Indem man zwei abgestimmte Resonatoren vor die beiden Spalte eines Doppelspalts setzt, zwingt man ein durchtretendes Atom, sein Photon im Resonator zu hinterlassen, ohne dass dabei nennenswerte Beträge von Impuls und Energie hinterlassen werden.

Die beobachtete Zerstörung der Interferenz durch die jetzt bekannte Welcher-Weg-Information kann also nicht auf eine (mechanische) „Störung" durch den Doppelspalt oder auf die Heisenberg'sche Un-bestimmtheits-Relation (HUR) zurückgeführt werden.

In beiden Fällen ist es wichtig, dass man im Hohlraum-Resonator ein einzelnes Photon speichern kann. Es gibt einen eigenen Zweig der QED, die so genannte Hohlraum-Quantenelektrodynamik (cavity quantum electrodyna-

---

36: *Rydberg-Atome sind sehr hoch angeregte Alkali-Atome, die sich nach dem Ehrenfest'schen Prinzip fast schon klassisch verhalten.*

mics), die sich mit solchen Situationen befasst und zu wichtigen Experimenten geführt hat [Haro].

Sie sollen jetzt verstehen, weshalb in einem Hohlraum-Resonator das elektromagnetische Feld in einer Eigenschwingungen bereits mit einem einzelnen Photon schwingen kann.

8.2 Gegenläufige gleichfrequente „Wellen" - quantisiert

8.2.1 Operatoren

Zunächst werden zwei quantisierte „gegenläufige"[37] single-mode-Felder (Feld-Operatoren) mit $\mathbf{k}$ und $-\mathbf{k}$ und gleicher Polarisationsrichtung ($\varepsilon_{ks} = \varepsilon_{-ks}$) überlagert:

$\mathbf{E}_{ks} = - d\mathbf{A}/dt = i \omega f \varepsilon_{ks} \{ a_{ks} \exp[i(\mathbf{k}\cdot\mathbf{x}-\omega\cdot t)] - a^+_{ks} \exp[-i(\mathbf{k}\cdot\mathbf{x}-\omega\cdot t)] \}$

$\mathbf{E}_{-ks} = - d\mathbf{A}/dt = i \omega f \varepsilon_{-ks} \{ a_{-ks} \exp[i(-\mathbf{k}\cdot\mathbf{x}-\omega\cdot t)] - a^+_{-ks} \exp[-i(-\mathbf{k}\cdot\mathbf{x}-\omega\cdot t)] \}$

Da die Polarisation immer die gleiche ist, nehmen wir sie in die Quantenzahl $k = \mathbf{k}$,s mit auf. Zu welcher Energiedichte führt die Überlagerung?

$\mathbf{E}_k + \mathbf{E}_{-k} =$

$= i \omega f \varepsilon_k \{ a_k \exp[i(\mathbf{k}\cdot\mathbf{x}-\omega\cdot t)] - a^+_k \exp[-i(\mathbf{k}\cdot\mathbf{x}-\omega\cdot t)]$

$+ a_{-k} \exp[i(-\mathbf{k}\cdot\mathbf{x}-\omega\cdot t)] - a^+_{-k} \exp[-i(-\mathbf{k}\cdot\mathbf{x}-\omega\cdot t)] \}$

$= i \omega f \varepsilon_k \{ a_k \exp[i(\mathbf{k}\cdot\mathbf{x}-\omega\cdot t)] + a_{-k} \exp[i(-\mathbf{k}\cdot\mathbf{x}-\omega\cdot t)]$

$- a^+_{-k} \exp[-i(-\mathbf{k}\cdot\mathbf{x}-\omega\cdot t)] - a^+_k \exp[-i(\mathbf{k}\cdot\mathbf{x}-\omega\cdot t)] \}$

$(\mathbf{E}_k + \mathbf{E}_{-k})^2 = - \omega^2 f^2 \varepsilon_k \varepsilon_k$ ... enthält 16 Terme. Wir untersuchen im Folgenden, welche davon zum Erwartungswert der Energiedichte beitragen, z.B.:

a) die für sich in $\mathbf{k}$ bzw. in $-\mathbf{k}$ symmetrischen Terme (die Exponentialfakto-

---

37: *Eigentlich dürften wir nur von entgegengesetzten Wellenzahl-Vektoren sprechen.*

ren heben sich weg):

$$- [a^+_k a_k + a_k a^+_k] - [a^+_{-k} a_{-k} + a_{-k} a^+_{-k}]$$
$$= - \{[2\, n_k + 1] + [2\, n_{-k} + 1]\} \quad \text{(als Operator-Gleichung)}$$

b) oder die „symmetrisch gemischten" Terme

$$- [a^+_{-k} a_k + a_k a^+_{-k}]\, \exp[i(2\mathbf{k}\cdot\mathbf{x})] - [a^+_k a_{-k} + a_{-k} a^+_k]\, \exp[-i(2\mathbf{k}\cdot\mathbf{x})]$$
$$= - \{[2\, a_k a^+_{-k}]\, \exp[i(2\mathbf{k}\cdot\mathbf{x})] + [2\, a_{-k}\, a^+_k]\, \exp[-i(2\mathbf{k}\cdot\mathbf{x})]\}$$

c) Zusätzlich gibt es noch Terme mit gleichartigen Operatorprodukten, z.B. $a_k a_k$ oder $a^+_{-k}a^+_{-k}$. Sie können bei Teilchenzahl-Zuständen nichts beitragen.

Zusammen also:

$$(\mathbf{E}_k + \mathbf{E}_{-k})^2 = \omega^2 f^2 \{[2n_k+1]+[2n_{-k}+1] + [2a_k\, a^+_{-k}]\, \exp[i(2\mathbf{k}\cdot\mathbf{x})]+[2a_{-k}\, a^+_k]\, \exp[-i(2\mathbf{k}\cdot\mathbf{x})]\}$$
$$+ \text{ weitere belanglose Terme.}$$

Klassisch hätte man Ähnliches erwartet, wenn die a's vertauschbare komplexe Zahlen sind und n_k durch die Zahl $|a_k|^2$ ersetzt ist.

Der wesentliche Teil der Überlagerung „gegenläufiger" *Felder* ist damit erfasst. Er enthält alles, was in konkreten *Anregungs-Zuständen* realisiert werden kann, ohne dass es für uns jetzt schon erkennbar ist.

Besonders die zweite Gruppe von Feld-Operatoren (b) liefert nur dann interessante Ergebnisse, wenn sie auf Zustände mit „gemischten" Quantenzahlen $(\mathbf{k},-\mathbf{k})$ angewandt wird. Ohne sie gibt es keine Interferenz.

8.2.2 Zustände bei gegenläufigen „Wellen"

Zu messbaren Größen kommen Sie wieder, indem Sie Erwartungswerte bzgl. geeigneter Zustände bilden. Die Auswahl, in welche Zustände das System präpariert werden soll, ist entscheidend für die Vorhersage der Beobachtungen, aber auch für die Interpretation der Vorgänge dabei. Versuchen Sie es mit $|k,-k\rangle$.

Der Zustand wird gebildet aus einem normierten Überlagerungszustand von einem Photon mit dem Wellenzahl-Vektor $\mathbf{k}$ und einem mit $-\mathbf{k}$. Das Photon hat also un-bestimmten Impuls. Die Polarisation sei in beiden Fällen unverändert s. Ein solcher Zustand mit einem Photon wird gebildet durch

$$a^+_u |0> = 1/\sqrt{2}\,[a^+_{ks} + a^+_{-ks}]$$

Probieren Sie's aus mit n gleichen Photonen dieser Sorte:

$$|\mathbf{k},-\mathbf{k}> = 1/n!\,(a^+_u)^n$$

Für die weitere Rechnung sollten Sie die Vertauschungsrelationen verwenden:

$$[a,(a^+_u)^n] = a(a^+_u)^n - (a^+_u)^n a = n/\sqrt{2}\,(a^+_u)^{n-1} \text{ und } [a^+,(a_u)^n] = -\,n/\sqrt{2}\,(a_u)^{n-1}$$

a ist dabei entweder a_{ks} oder $a_{-ks,}$ a^+ entsprechend.

Teil a) für in $\mathbf{k}$ für sich bzw. in $-\mathbf{k}$ für sich symmetrische Zustände und gleichgerichtete Wellenzahl-Vektoren $\mathbf{k}$ bzw. $-\mathbf{k}$ ergibt sich:

$<\mathbf{k},-\mathbf{k}|\,[a_k a^+_k + a^+_k a_k]|\mathbf{k},-\mathbf{k}> = <\mathbf{k},-\mathbf{k}|\,[2 a^+_k a_k + 1]|\mathbf{k},-\mathbf{k}>$, und wegen

$a_k(a^+_u)^n |0> = (a^+_u)^n a_k |0> + n/\sqrt{2}\,(a^+_u)^{n-1}|0>$, und entsprechend

$<0|\,(a_u)^n a^+_k = <0|\,a^+_k(a^+_u)^n + <0|\,n/\sqrt{2}\,(a_u)^{n-1}$

Der erste Beitrag, angewandt auf den Nullvektor, verschwindet jeweils und Sie erhalten:

$<\mathbf{k},-\mathbf{k}|[2 a^+_k a_k + 1]|\mathbf{k},-\mathbf{k}> = 1/n!\,n^2 <0|(a_u)^{n-1}(a^+_u)^{n-1}|0> + 1 = 1/n!\,n^2\,(n-1)! +1 = n+1$
und ganz entsprechend:

$<\mathbf{k},-\mathbf{k}|\,[2 a^+_k a_k + 1]|\mathbf{k},-\mathbf{k}> = n+1$
zusammen also $2(n+1)$ für n = 1, 2, 3, … Photonen mit überlagerten Wellenzahl-Vektoren $\mathbf{k}$ und $-\mathbf{k}$.

Teil b) symmetrisch „gemischte Zustände" mit gemischten Wellenzahl-Vektoren $<\mathbf{k},-\mathbf{k}|\,[2a_k\ a^+_{-k}]\,|\mathbf{k},-\mathbf{k}> \exp[i(2\mathbf{k}\cdot\mathbf{x})] = 2\,<\mathbf{k},-\mathbf{k}|\,[a^+_{-k} a_k]\,|\mathbf{k},-\mathbf{k}> \exp[i(2\mathbf{k}\cdot\mathbf{x})]$

$a_k(a^+_u)^n|0> = (a^+_u)^n a_k |0> + n/\sqrt{2}\,(a^+_u)^{n-1}|0>$, und entsprechend

$<0|\,(a_u)^n a^+_{-k} = <0|a^+_{-k}(a_u)^n + <0|\,n/\sqrt{2}\,(a^+_u)^{n-1}$
also:

$<\mathbf{k},-\mathbf{k}|\,[2a_k\ a^+_{-k}]\,|\mathbf{k},-\mathbf{k}> \exp[i(2\mathbf{k}\cdot\mathbf{x})] = 2/n!\,n^2/2\,<0|\,(a^+_u)^{n-1}(a^+_u)^{n-1}|0> \exp[i(2\mathbf{k}\cdot\mathbf{x})] = 1/n!\,n^2\,(n-1)!\,\exp[i(2\mathbf{k}\cdot\mathbf{x})] = n\,\exp[i(2\mathbf{k}\cdot\mathbf{x})]$
und entsprechend:

$\langle k,-k| \, [2a_{-k} \, a^+_k \,] \, |k,-k\rangle \, \exp[-i(2k\cdot x)] = n \, \exp[i(-2k\cdot x)]$

zusammen:

$\langle k,-k| \, [2a_{ks} \, a^+_{-ks}\,] \, |k,-k\rangle \, \exp[i(2k\cdot x)] + \langle k,-k| \, [\,2 a_{-ks} \, a^+_{ks}\,] \, |k,-k\rangle \, \exp[-i(2k\cdot x)]$

$= 2\,n \, \cos(2k\cdot x)$

Insgesamt (Teil a und Teil b):

$2(n+1) + 2n \, \cos(2\cdot k\cdot x) = 2n\,[1 + \cos(2\cdot k\cdot x)] + 2 = 4\,n\,\cos^2(k\cdot x) + 2$

und mit $f = [\hbar/(2\varepsilon_0\,V\omega_k)]^{1/2}$:

$\varepsilon_0\,\langle k,-k| \, (E+E')^2|k,-k\rangle = \omega^2\,f^2\,[4\,n\,\cos^2(k\cdot x) + 2] = \hbar\omega/V\,[\,2n\,\cos^2(k\cdot x) + 1\,]$

Von **B** kommt ein gleichgroßer Beitrag zur Energiedichte hinzu; zusammen:

$$\langle k,-k| \, U \, |k,-k\rangle = \hbar\omega/V\,[4n\,\cos^2(k\cdot x) + 2] \quad n = 1, 2, 3, \dots$$

mit dem wesentlichen Anteil: $\langle k,-k| \, U \, |k,-k\rangle = \hbar\omega/V\,4n\,\cos^2(k\cdot x) \quad n = 1, 2, 3, \dots$

(4-fache Amplitude, da 2 Wellen mit Amplitude $\hbar\omega/V$ quadriert werden.)
Die Abhängigkeiten von **k**, **x** und n bei den Erwartungswerten von $(E+E')^2$,
$(B+B')^2$ und $(A+A')^2$ sind identisch.

8.2.3 Diskussion: Einzelne Photonen im Hohlraum-Resonator

Der Fall n = 1 ähnelt dem Fall eines Elektrons im Potenzialkasten, wie es in
der Schule behandelt wird (Abb. 1, 2). Selbst bei einem Photon verhält sich
der Erwartungswert der ortsabhängigen Energiedichte ähnlich wie die klassische Energiedichte und ähnlich wie die Wahrscheinlichkeitsdichte bei
Masseteilchen.

Das ist aber bemerkenswert: Stellen Sie sich vor, ein einziges angeregtes
Atom, vielleicht ein Rydberg-Atom wurde in den Hohlraum-Resonator gebracht. Es könnte in den Grundzustand übergehen und ein einziges Photon
abgeben. Die Lebensdauer hängt davon ab, wie die Energie zu einer der Ei-

genfrequenzen des Hohlraums passt. Bei guter Übereinstimmung (Resonanz), nähme es der Resonator sehr schnell auf. Andernfalls würde der Resonator die Abgabe zu unterdrücken versuchen.

Wie beim Elektron im Potenzialkasten entstehen Minima, wenn $\mathbf{k} \cdot \mathbf{x} = m \cdot \pi$ (m = 0, 1, 2, ...), bzw. wenn x = m·λ/2 und Maxima bei $\mathbf{k} \cdot \mathbf{x} = m \cdot \pi + \pi/2$ (m = 0, 1, 2, ...), diesmal Minima und Maxima im Erwartungswert der Energiedichte statt der ortsabhängigen Wahrscheinlichkeitsdichte bei Masseteilchen.

(Beim Elektron untersucht man in einführenden Texten normalerweise nur Einteilchen-Zustände, die Eigenzustände zum Hamilton-/Energie-Operator sind, also stationäre Zustände, u.a, weil das Pauli-Prinzip Mehrfachbesetzung eines Zustands verbietet.)

Es tritt noch ein Zusatzterm auf, der wohl wie bei H und **P** mit Hinweis auf die Nullpunkts-Fluktuationen wegdiskutiert werden kann. Er sorgt für einen konstanten Energie-Untergrund, unabhängig von der Photonenzahl und vom Ort. Wir lassen ihn in der Regel weg.

Der Erwartungswert der Energiedichte wächst mit der Photonenzahl n und der Kreis-Frequenz ω bzw. der Wellenzahl k. Bei Photonen gibt es also zwei Abhängigkeiten: 1. von der Wellenlänge λ bzw. Photonenenergie $\hbar\omega = \hbar c/\lambda$ und 2. von der Photonenzahl n. Division durch $n\hbar\omega$, also quasi der Bezug auf die Photonenzahl 1 (oder der Gesamtenergie) führt zu einer Art Normierung, und wir können sagen, dass der Wahrscheinlichkeits-

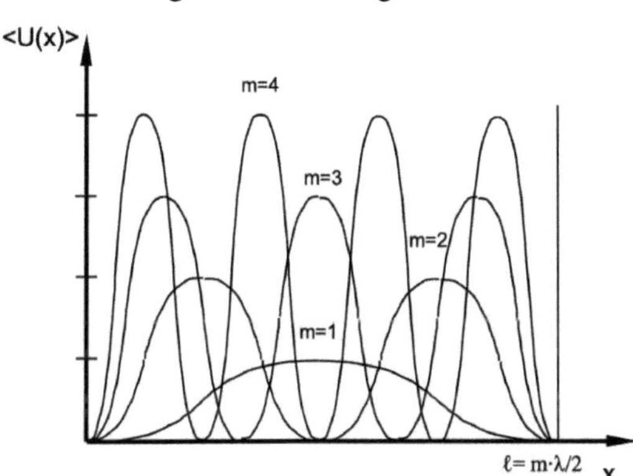

Abb. 5: Erwartungswert der Energiedichte bei gegenläufigen Wellen in Abhängigkeit vom Ort x innerhalb des Hohlraum-Resonators der Länge Ə für verschiedene erlaubte Wellenlängen ǵ, jeweils für1 Photon (n = 1)

dichte dafür, ein *Elektron* in der Nähe einer bestimmten Stelle zu finden, bei *Photonen* dem Erwartungswert <U> der Energiedichte pro Photon entspricht, besser noch die Energiedichte bezogen auf die Gesamtenergie <U>/ (nℏω).

(In elementaren Diskussionen bei Elektronen wird in der Regel nur der 1-Elektronenfall untersucht, der mit dem Sonderfall von einem Photon vergleichbar ist.)

Die Abhängigkeit der Energiedichte von den diskreten Photonenzahlen n ist ein erstes Indiz für die Quantisierung (trotz Interferenz). Der objektive Zufall würde sich auch in höheren statistischen Momenten der Energiedichte zeigen, das „Körnige" beim Nachweis von Photonen erst, wenn auch die Wechselwirkung mit Ladungen in Zählern etc. berücksichtigt wird (vgl. Kap. 10: Zusammenfassung).

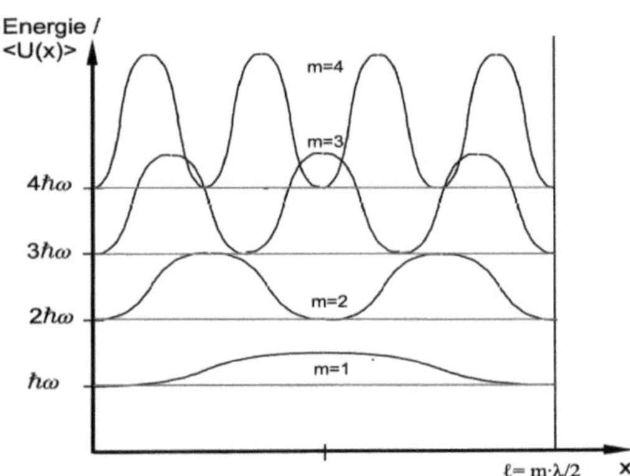

*Abb. 6: Photonenenergie und Erwartungswert der Energiedichte in Abhängigkeit vom Ort x innerhalb des Hohlraum-Resonators für verschiedene Wellenlängen ǵ, **jeweils für 1 Photon** (n=1). Im Unterschied zu Abb. 1 für ein Elektron wächst hier der Energie-Eigenwert prop. zu 1/ǵ, also auch zu m. Bei der „normierten Energiedichte" hätten alle Kurven gleichen Hub. Das entspräche eher der Abb. 1.*

In Übereinstimmung mit einer solchen Theorie würden dann wiederholte fiktive Messungen der Energiedichte dieses einen oder eines anderen (davon nicht unterscheidbaren) Photons in diesem bestimmten Zustand für einen festen Messort streuende Ergebnisse liefern. Vergliche man die Messungen nahe verschiedener Messorte, so wäre der Erwartungswert der Energiedichte besonders hoch nahe eines Maximums der stehenden Welle, quasi Null nahe der Minima.

Aber von der variierenden Energiedichte merken Sie nichts, wenn es sich um ein wirklich freies elektromagnetisches Feld handelt. Erst, wenn Sie eine Wechselwirkung mit einem Nachweisgerät zulassen - eine möglichst schwache, damit die erwähnten Aussagen über das freie quantisierte Feld noch am ehesten aussagekräftig bleiben, oder wenn Photonen mit nur geringer Wahrscheinlichkeit den Resonator verlassen könnten, würden Sie das „Körnige" der elektromagnetischen Strahlung erfahren.

In anderen Zuständen (n > 1) wird für stehende Wellen immer mindestens ein Photon mit un-bestimmtem Impuls bzw. Überlagerungen von gleich vielen mit grob zwischen **k** und -**k** un-bestimmter Wellenzahl, benötigt - irreführenderweise würden dann manche Autoren von „hin- und herlaufenden" Photonen sprechen - , bzw. von gleichviel Photonen mit **k** und mit -**k**, also jeweils n Stück.

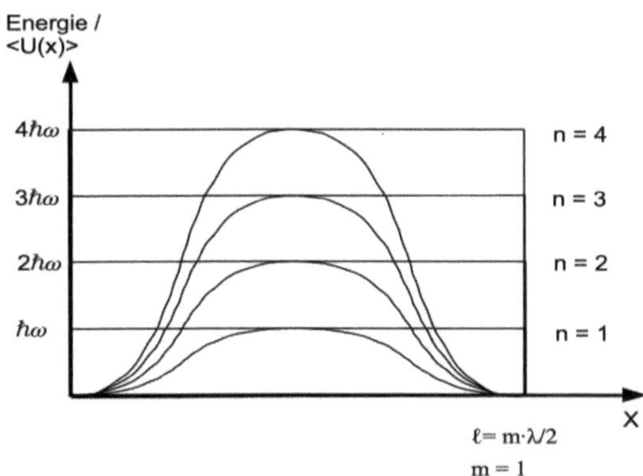

Abb. 7: *Photonenenergie und Erwartungswert der Energiedichte in Abhängigkeit vom Ort x innerhalb des Hohlraum-Resonators für den Zustand mit der größten Wellenlänge ǵ=2∂, besetzt mit n = 1, 2, 3, 4 gleichen Photonen. Bei der „normierten Energiedichte" wären alle Kurven deckungsgleich.*

D i e Energiedichte verhält sich im letzteren Fall ganz ähnlich wie für n = 1, jedoch mit dem Unterschied, dass ihre Amplitude mit dem Faktor n wächst. Im Unterschied zur klassischen Elektrodynamik können diese stehenden Wellen in den gewählten Zuständen nicht beliebige Amplituden haben, sondern nur diskrete Werte.

Für qualitative Diskussionen ist es offensichtlich egal, ob man über A^2, E^2, B^2 oder die komplette Energiedichte spricht. Bis auf konstante Faktoren sind ihre Erwartungswerte alle gleich.

Hätten wir Erwartungswerte bzgl. kohärenter Zustände mit dem Erwartungswert der Tcilchcnzahl <n> berechnet, hätten wir ein Ergebnis erhalten, das sich nur unwesentlich vom klassischen Ergebnis nach Kap. 2.2.4 unterscheidet. Die Amplitude wäre hier kontinuierlich variabel wie im klassischen Fall, nämlich prop. <n>, was ja wieder jeden Wert annehmen kann:

$$<z|\ U\ |z> = ℏω/V\ [4<n>\ \cos^2(\mathbf{k}\cdot\mathbf{x}) + 2]$$

Die „normierte Energiedichte" wäre für <n> = 1 bei weggelassener 2:

$$<z|\ U\ |z>/\ ℏω = 4/V\ \cos^2(\mathbf{k}\cdot\mathbf{x})$$

8.3 Interferenz bei Teilchen-Zuständen und Einteilchen-Interferenz

Die klassische Interferenz ist eine Welleninterferenz, d.h. es werden mindestens zwei Wellen mit einem Phasen- bzw. Gangunterschied überlagert, genauer die Feldstärken zweier Wellen. In klassischer Sprechweise werden zwei ebene Wellen gleicher Frequenz, gleicher Polarisation und gleichen Ausbreitungsvektors $\mathbf{k}$ mit einer Phasenverschiebung φ überlagert (jeweils single-mode-Zustände). φ könnte zustandekommen durch eine einseitig durchstrahlte Platte mit abweichendem Brechungsindex (z.B. hinter nur einer Öffnung eines Doppelspalts) oder näherungsweise durch einen Wegunterschied zwischen zwei leicht abgelenkten „Strahlen" hinter einem Doppelspalt.

Qualitativ und ohne Blick auf den Formalismus können Sie verallgemeinernd sagen[38]:

> Interferenz findet statt, wenn zwischen zwei oder mehr „klassisch denkbaren" Möglichkeiten nicht entschieden wird.

Daraus folgt aber auch für die Möglichkeiten unterschiedlicher Wege:

> „Welcher-Weg-Information (WWI) und Interferenz schließen sich gegenseitig aus."

Wellen wie bei der klassischen Interferenz gibt es in der QED nicht. Dafür werden hier Feld-Operatoren überlagert und quadriert. Das Ergebnis, wieder der Operator der Energiedichte U, enthält alles, was in Experimenten realisiert werden kann, aber noch verborgen ist. Was es heißt, Operatoren zu überlagern, entnehmen Sie dem Formalismus (es wird ihre „Summe" gebildet). Um zu messbaren Größen zu kommen, müssen Erwartungswerte bzgl. geeigneter Zustände gebildet werden. Der Experimentator muss zuvor das elektromagnetische Feld in einen solchen Zustand präparieren.

Überlagern Sie zunächst die beiden Feld-Operatoren $\mathbf{A}_k$ und $\mathbf{A}_k{}'$ und bilden ihr Quadrat:

38: *Den Begriff „klassisch denkbare Möglichkeit" habe ich zuerst bei [Kü] gelesen.*

$(\mathbf{A}_k + \mathbf{A}_k')^2$

$= f^2 \; \varepsilon_{ks} \cdot \varepsilon_{ks} \; \{ a_{ks} \exp[i(\mathbf{k}\cdot\mathbf{x}-\omega\cdot t + \varphi)] + a^+_{ks} \exp[-i(\mathbf{k}\cdot\mathbf{x}-\omega\cdot t + \varphi)] + a_{ks} \exp[i(\mathbf{k}\cdot\mathbf{x}-\omega\cdot t)] + a^+_{ks} \exp[-i(\mathbf{k}\cdot\mathbf{x} - \omega\cdot t)]\} \cdot \{ a_{ks} \exp[i(\mathbf{k}\cdot\mathbf{x} - \omega\cdot t+ \varphi)] + a^+_{ks} \exp[-i(\mathbf{k}\cdot\mathbf{x} - \omega\cdot t + \varphi)] + a_{ks} \exp[i(\mathbf{k}\cdot\mathbf{x} - \omega\cdot t)] + a^+_{ks} \exp[-i(\mathbf{k}\cdot\mathbf{x} - \omega\cdot t)] \; \}$

$= f^2 \; \varepsilon_{ks} \cdot \varepsilon_{ks} \; \{ a_{ks} \exp[i(\mathbf{k}\cdot\mathbf{x}-\omega\cdot t)][\exp(i\varphi)+1] + a^+_{ks} \exp[-i(\mathbf{k}\cdot\mathbf{x}-\omega\cdot t)] [\exp(-i\varphi)+1] \} \cdot \{ a_{ks} \exp[i(\mathbf{k}\cdot\mathbf{x}-\omega\cdot t)][\exp(i\varphi)]+1] + a^+_{ks} \exp[-i(\mathbf{k}\cdot\mathbf{x}-\omega\cdot t)] [\exp(-i\varphi) + 1]\}$

oder mit erkennbarer Symbolik (und mit $\varepsilon_{ks}\cdot\varepsilon_{ks}=1$)

$= f^2 \; \{ a_{ks} \, a^+_{ks} \; e'^+ e^- \; + a^+_{ks} \, a_{ks} \, e'^- e^+ \} +$ weitere belanglose Terme

wobei

$e'^+ e^- = \{\exp[i(\mathbf{k}\cdot\mathbf{x}-\omega\cdot t+\varphi)] + \exp[i(\mathbf{k}\cdot\mathbf{x}-\omega\cdot t)]\} \cdot \{\exp[-i(\mathbf{k}\cdot\mathbf{x}-\omega\cdot t)+\varphi)]+\exp[-i(\mathbf{k}\cdot\mathbf{x}-\omega\cdot t)]\}$

$= \exp[i(\mathbf{k}\cdot\mathbf{x}-\omega\cdot t)] \, [\exp(i\,\varphi) +1] \cdot \exp[-i(\mathbf{k}\cdot\mathbf{x}-\omega\cdot t)\,[\exp(-i\varphi) + 1]$

$= 4\cdot\cos^2(\varphi/2)$

und ganz entsprechend: $\qquad e'^- e^+ = \; 4\cdot\cos^2(\varphi/2)$, also

$(\mathbf{A}_k + \mathbf{A}_k')^2 = \; f^2 \; \{ \; a_{ks} \; a_{ks} \, e'^+ e^+ + a_{ks} \, a^+_{ks} \, e'^+ e^- + a^+_{ks} \, a_{ks} \, e'^- e^+ + a^+_{ks} \, a^+_{ks} \, e'^- e^- \}$

$= \; f^2 \; \{ \; a_{ks} \; a_{ks} \, e'^+ e^+ + a^+_{ks} \, a^+_{ks} \, e'^- e^- + 4 \cos^2(\varphi/2) \, [a_{ks} \, a^+_{ks}+ a^+_{ks} \, a_{ks}] \; \}.$

Bereits in der Überlagerung der Feld-Operatoren $(\mathbf{A}_k + \mathbf{A}_k')^2$ ist jetzt der Interferenz-Term proportional $\cos^2(\varphi/2)$ sichtbar. Man könnte sagen, dass so „die Interferenz der (quantisierten) Felder an Photonen „vererbt" wird". In der klassischen Elektrodynamik hätten wir ein ähnliches Ergebnis für die klassischen Felder erzielt, wobei die a's komplexe Zahlen und keine Operatoren sind.

Wie sich der Interferenzterm konkret auf bestimmte vorher präparierte Anregungs-Zustände auswirkt, erkennen Sie erst an messbaren Größen, wenn Sie z.B. Erwartungswerte bzgl. solcher Zustände berechnen, etwa den Erwartungswert der Energiedichte.

Zur Wahl stehen:

a) Teilchen-Zustände (Fock-Zustände) mit der Teilchenzahlen n = 1, 2, 3, … ,

b) kohärente Zustände mit dem Erwartungswert der Teilchenzahl <n> .

Das Ergebnis ist zu vergleichen mit dem klassischer Wellen. Es ist zu erwarten, dass b) recht gut mit dem klassischer Wellen übereinstimmt; das haben wir aus der semiklassischen Näherung gelernt.

Entscheiden Sie sich zunächst für die Wahl a).

$|n_{ks}\rangle = f_{no}\ a^+_{ks} \ldots a^+_{ks}\ |0\rangle = f_{no}\ (a^+_{ks})^n\ |0\rangle$ sei ein normierter n-Teilchen-Zustand zum Wellenzahl-Vektor **k** mit dem Normierungsfaktor $f_{no} = 1/\sqrt{(n!)}$. $a^+_{ks}\ |0\rangle$ ist also ein Einteilchen-Zustand. Das bedeutet, dass genau ein Photon mit be-stimmtem Impuls und be-stimmter Polarisation durch den Doppelspalt tritt, nicht etwa zwei „mit Phasenunterschied φ" (was auch immer das bedeuten sollte). Bei $|n_{ks}\rangle$ handelt es sich um einen single-mode-Zustand mit n-facher Besetzung. Die unveränderte Polarisation lassen wir wieder weg. Stellen Sie sich vor, dass das elektromagnetische Feld in einen solchen Zustand präpariert ist. Nur die folgenden Erwartungswerte bzgl. der symmetrischen Zustände $|n_{ks}\rangle$ treten auf:

$\langle n_{ks}|\ a_{ks}\ a_{ks}\ |n_{ks}\rangle = 0$

$\langle n_{ks}|\ a_{ks}\ a^+_{ks}\ |n_{ks}\rangle = n + 1$

$\langle n_{ks}|\ a^+_{ks}\ a_{ks}\ |n_{ks}\rangle = n$

$\langle n_{ks}|\ a^+_{ks}\ a^+_{ks}\ |n_{ks}\rangle = 0$

Zum Erwartungswert von $(\mathbf{A}_k + \mathbf{A}_{k'})^2$ können also nur gemischte Operator-Produkte beitragen. Daher:

$\langle n_{ks}|\ (\mathbf{A}_k + \mathbf{A}_k')^2\ |n_{ks}\rangle = f^2\ 8\ (n + \frac{1}{2})\ \cos^2(\varphi/2)$

Wäre das elektromagnetische Feld in einen anderen Zustand präpariert worden, z.B. mit $|n,n'\rangle = f_{no}\ (a^+_u)^n\ |0\rangle$ von Kap. 8.2.2, hätte fast das gleiche Ergebnis resultiert:

$\langle n,n'|\ (\mathbf{A} + \mathbf{A}')^2\ |n,n'\rangle = f^2\ 8\ (n + 1)\ \cos^2(\varphi/2)$, wenn $|n,n'\rangle = f_{no}\ (a^+_u)^n\ |0\rangle$

(s. Kap. 8.2.2, S. 75)

Analog auch für die elektrische Feldstärken:

$\mathbf{E}_k = -\,d\mathbf{A}_k\,/dt = \ i\,\omega\,f\,\boldsymbol{\varepsilon}_k\ \{\ a_k\,\exp[i(\mathbf{k}\cdot\mathbf{x}-\omega\cdot t)] - a^+_k\,\exp[-i(\mathbf{k}\cdot\mathbf{x}-\omega\cdot t)]\ \}$

Führen Sie zunächst einige Abkürzungen ein:

$\exp[i(\mathbf{k}\cdot\mathbf{x}-\omega\cdot t)][\exp(i\varphi) + 1] = 2\,\exp(i\varphi/2)\,\exp[i(\mathbf{k}\cdot\mathbf{x}-\omega\cdot t)]\,\cos(\varphi/2) = 2\,\exp[i(\mathbf{k}\cdot\mathbf{x}-\omega\cdot t+\varphi/2)]\,\cos(\varphi/2) =\text{efi}$

und

$\exp[-i(\mathbf{k}\cdot\mathbf{x}-\omega\cdot t)][\exp(-i\varphi) + 1] = 2\,\exp(-i\varphi/2)\,\exp[-i(\mathbf{k}\cdot\mathbf{x}-\omega\cdot t+\varphi/2)]\,\cos(\varphi/2) = \text{efi*}$,
also

$\text{efi*}\cdot\text{efi} = \text{efi}\cdot\text{efi*} = 4\cos^2(\varphi/2)$

$(\text{efi})^2 = 4\cos^2(\varphi/2)\,\exp[2i(\mathbf{k}\cdot\mathbf{x}-\omega\cdot t + \varphi/2)]$

$(\text{efi*})^2 = 4\cos^2(\varphi/2)\,\exp[-2i(\mathbf{k}\cdot\mathbf{x}-\omega\cdot t + \varphi/2)]$

Dann erhalten Sie:

$(\mathbf{E}_k + \mathbf{E}_k')^2$

$= -f^2\,\omega^2\,\boldsymbol{\varepsilon}_k\,\boldsymbol{\varepsilon}_k\,\{\,a_k\,\text{efi} - a^{+}_k\,\text{efi*}\,\}\cdot\{\,a_k\,\text{efi} - a^{+}_k\,\text{efi*}\,\}$

$= -f^2\,\omega^2\,\boldsymbol{\varepsilon}_k\,\boldsymbol{\varepsilon}_k\,\{\,a_k\,a_k\,(\text{efi})^2 + a^{+}_k\,a^{+}_k\,(\text{efi*})^2 - [\,a_k\,a^{+}_k + a^{+}_k\,a_k\,]\,\text{efi}\,\text{efi*}\,\}$

$= -f^2\,\omega^2\,4\cos^2(\varphi/2)\,\{a_k a_k \exp[2i(\mathbf{k}\cdot\mathbf{x}-\omega\cdot t+\varphi/2)] + a^{+}_k a^{+}_k \exp[-2i(\mathbf{k}\cdot\mathbf{x}-\omega\cdot t+\varphi/2)] -$
$[\,a_k a^{+}_k + a^{+}_k a_k\,]\,\}$
und

$\langle n_{ks}|\,(\mathbf{E}_k + \mathbf{E}_{k'})^2\,|n_{ks}\rangle$
$= f^2\,\omega^2\,4\cos^2(\varphi/2)\,\{\,\langle n_{ks}|[\,a_k a^{+}_k + a^{+}_k a_k\,]|n_{ks}\rangle\,\}$

da für Fock-Zustände die übrigen Terme nichts beitragen können. Also

$\langle n_{ks}|\,(\mathbf{E}_k + \mathbf{E}_{k'})^2\,|n_{ks}\rangle = 8\,f^2\,\omega^2\,(\,n + \tfrac{1}{2}\,)\,\cos^2(\varphi/2)$
und mit $f = [\hbar/(2\varepsilon_0 V\omega_k)]^{1/2}$
$\varepsilon_0\,\langle n_{ks}|\,(\mathbf{E}_k + \mathbf{E}_{k'})^2\,|n_{ks}\rangle = 4\,\hbar\omega/V\,(\,n + \tfrac{1}{2}\,)\,\cos^2(\varphi/2)$.

Analog für die magnetische Flussdichte $\mathbf{B}$:

$\varepsilon_0\,\langle n_{ks}|\,c^2(\mathbf{B}_k + \mathbf{B}_k')^2\,|n_{ks}\rangle = 4\,\hbar\omega/V\,(\,n + \tfrac{1}{2}\,)\,\cos^2(\varphi/2)$

Die Erwartungswerte für beide Felder stimmen erwartungsgemäß überein (c^2k^2 wird durch ω^2 ersetzt). Vergleichen Sie noch mit dem entsprechenden Wert für das Vektorpotenzial $\mathbf{A}$:

$\langle n_{ks}|\,(\mathbf{A}_k + \mathbf{A}_k')^2\,|n_{ks}\rangle = 8\,f^2\,(\,n + \tfrac{1}{2}\,)\,\cos^2(\varphi/2) = 4\,\hbar/(\varepsilon_0 V\omega)\,(\,n + \tfrac{1}{2}\,)\,\cos^2(\varphi/2)$

$\langle\mathbf{A}\rangle$ hängt in der gleichen Weise wie $\langle\mathbf{E}\rangle$ und $\langle\mathbf{B}\rangle$ von n und φ ab. Es fehlt der Faktor $\varepsilon_0\,\omega^2$.

Klassisch würde sich ergeben: $4\,A^2_0\,\cos^2(\varphi/2)$.

Beide Anteile für **E** und **B** tragen zum Operator der Energiedichte $U = \frac{1}{2} \varepsilon_0 \cdot [\, \mathbf{E}^2 + c^2 \mathbf{B}^2]$ bei.

Diese und $(\mathbf{A}+\mathbf{A}')^2$ zeigen im Wesentlichen – bis auf Faktoren - gleiches Verhalten: Je nach dem Phasenunterschied φ ergibt sich ein Maximum ($\varphi = m\cdot\pi$, $m = 0, 1, 2, \ldots$) oder eine Nullstelle (Minimum: $\varphi = \pi/2 + m\cdot\pi$). Bemerkenswert ist aber, dass dies bereits für die Photonenzahl n = 1 geschieht (Einteilchen-Interferenz). Der Beitrag von ½ kann vermutlich ähnlich wie die unendliche Vakuum-Energie infolge der Nullpunkts-Schwingungen wegdiskutiert werden, möglicherweise im Zusammenhang mit Vakuum-Fluktuationen.

Wenn wir diesen Term weglassen, erhalten wir für den Erwartungswert der Energiedichte

$$\langle U \rangle = \tfrac{1}{2}\, \varepsilon_0\, \langle n_{ks} | (\mathbf{E}_k + \mathbf{E}_k')^2 + c^2 (\mathbf{B}_k + \mathbf{B}_k')^2] | n_{ks} \rangle = 4\ \hbar\omega/V\ n\ \cos^2(\varphi/2)$$

Bereits mit einem Photon (n = 1) entstehen Minima und Maxima des Erwartungswerts der Energiedichte (Einteilchen-Interferenz). Das ist nicht vorstellbar, wenn man ein klassisches Teilchen mit eindeutigem Weg vor Augen hat. Es kann keine Rede davon sein, dass sich dieses eine Photon wie eine Welle am Doppelspalt aufteile, auch nicht auf zwei Felder mit Phasenunterschied. Es handelt sich um den einen Anregungs-Zustand des durch die Überlagerung von Operatoren entstandenen elektromagnetischen Felds. Der Anregungs-Zustand gehört dem ganzen Feld an.

Dass der Erwartungswert der lokalen Energiedichte vom Phasenunterschied φ abhängig ist, ist ohne eine Wechselwirkung mit einem Messgerät nicht zu überprüfen. Man kann aber erwarten, dass $\langle U \rangle$ Einfluss hat auf die „photodetection probability", die je nach φ groß/klein ist, wo auch $\langle U \rangle$ groß/klein ist.

Einteilchen-Interferenz [Zei] wird – anders als durch den Taylor-Versuch - unzweifelhaft durch die Interferenz-Variante des G-R-A-Versuchs nachgewiesen (Abb. 8). Durch das mit dem Messphoton gleichzeitig emittierte Botenphoton („idler") wird mittels einer Koinzidenzschaltung gesichert, dass genau ein Messphoton in der Apparatur ist. Im Laufe der Zeit baut sich aus vielen einzelnen zufällig irgendwo auf dem Schirm auftretenden Nachweisorten der Messphotonen eine Interferenzfigur auf. Aus Gründen im Zusammenhang mit der Poisson-Verteilung, die in Kap. 6 beschrieben werden, reicht zum Nachweis der Einteilchen-Interferenz extrem geschwächtes klassisches Licht, wie etwa beim Taylor-Versuch, nicht aus (vgl. Abb. 4).

Früher hätte man vielleicht gefragt, ob Einteilchen-Interferenz nicht auf einen „Wellencharakter" des einzelnen Photons hinweise. Man kann natürlich

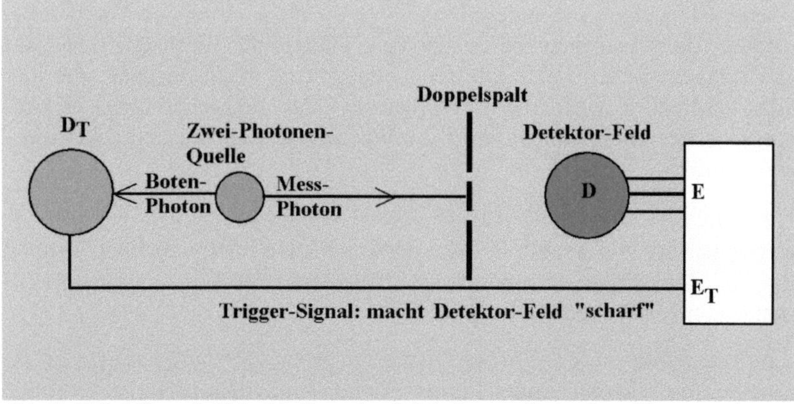

Abb. 8: G-R-A-Versuch (Prinzip): Doppelspalt-Interferenz mit einzelnen Photonen, eine vertrauenswürdigere Version des Taylor-Versuchs. Das Detektor-Feld wird erst durch ein gleichzeitig emittiertes „Boten-Photon" „scharf" geschaltet. Wiederholt man den Versuch mit einzelnen gleichen Photonen immer wieder, so baut sich allmählich die Interferenzfigur auf.

jeden weitgehend beliebigen Namen für jeden beliebigen Inhalt verwenden. Tatsächlich wurde sie oben ohne expliziten Bezug auf Wellen abgeleitet, natürlich mit Hilfe des quantisierten elektromagnetischen Feldes, das Wellenaspekte von den Maxwell-Gleichungen „geerbt" hat. Überlagert wurden aber keine (klassischen) Feldstärken, wie bei der Wellen-Interferenz, sondern Feld-Operatoren. Der Formalismus zeigte, was das heißt. Welche zwei Wellen sollten sich beim Deutungsversuch auch überlagern? Tatsächlich wurde die Un-bestimmtheit des Durchtrittsorts durch die Überlagerung der Feld-Operatoren sichergestellt. (Zu messbaren Größen kommt man zudem erst durch Erwartungswerte bzgl. speziell präparierter Zustände.) So zeigt bereits der Formalismus der Einteilchen-Interferenz, dass sich Interferenz und Welcher-Weg-Information gegenseitig ausschließen. Würde man für diese Un-bestimmtheit nicht schon im Formalismus sorgen, wäre also der Durchtrittsort be-stimmt, würde das Wesensmerkmal der Interferenz - Unbestimmtheit von Möglichkeiten (hier: des Weges) – fehlen.

Der Formalismus der QED unterscheidet nie zwischen Welle oder Teilchen. Es wird immer der gleiche - richtige - Formalismus angewendet. Die Frage nach dem „Charakter" des Photons ist dem Phänomen fremd. Bei ihr handelt sich um einen Versuch, das Phänomen auf ein unpassendes fremdes abzubilden.

Wieder ist es eine ganz andere Frage, wie Sie die Minima und Maxima bemerken. Dazu brauchen Sie wieder eine Theorie der Wechselwirkung des elektromagnetischen Felds mit den Ladungen im Nachweisgerät, die hier nicht besprochen wird. Aber es ist plausibel, dass an Stellen hoher elektromagnetischer Energiedichte auch die Wechselwirkung mit dem Nachweisgerät groß ist.

Für qualitative Diskussionen ist es offensichtlich egal, ob man über die Erwartungswerte von $\mathbf{A}^2$, $\mathbf{E}^2$, $\mathbf{B}^2$ oder der kompletten Energiedichte U spricht. Bis auf Zahlenfaktoren sind deren Erwartungswerte für single-mode-Zustände („ebene Wellen") alle gleich.

8.4 Interferenz bei kohärenten Zuständen

Es geht also z.B. um die Berechnung von

$<z|\, (\mathbf{E}_k + \mathbf{E}_k')^2\, |z>$

$= -\, f^2\, \omega^2\, \varepsilon_k\, \varepsilon_k <z|\, \{a_k \exp[i(\mathbf{k}\cdot\mathbf{x}-\omega\cdot t)][\exp(i\varphi)+1] - a^+_k \exp[-i(\mathbf{k}\cdot\mathbf{x}-\omega\cdot t)][\exp(-i\varphi+1]\}\cdot$

$\{\, a_k \exp[i(\mathbf{k}\cdot\mathbf{x}-\omega\cdot t)][\exp(i\varphi)] + 1] - a^+_k \exp[-i(\mathbf{k}\cdot\mathbf{x}-\omega\cdot t)] [\exp(-i\varphi) + 1]\,\}\, |z>$

Die für Fock-Zustände belanglosen Terme müssen hier mitgenommen werden (im Folgenden die zeitabhängigen). Sie werden dann eine Zeit- und Ortsabhängigkeit einführen, die dann aber bei einer Mittelung über eine Zeitperiode wieder entfernt wird. Vom letzten Kapitel übernehmen Sie:

$(\mathbf{E}_k + \mathbf{E}_k')^2 = -\, f^2\, \omega^2\, 4\, \cos^2(\varphi/2)\, \{a_k a_k \exp[2i(\mathbf{k}\cdot\mathbf{x}-\omega\cdot t+\varphi/2)] + a^+_k a^+_k \exp[-2i(\mathbf{k}\cdot\mathbf{x}-\omega\cdot t+\varphi/2)] - [\, a_k a^+_k + a^+_k a_k\,]\,\}$

Also: $\qquad <z|\, (\mathbf{E}_k + \mathbf{E}_k')^2\, |z>$

$= f^2\, \omega^2\, 4\, \cos^2(\varphi/2)\{\, <z|\, a_k a^+_k + a^+_k a_k\, |z> - <z|\, a_k a_k\, |z>\, \exp[i2(\mathbf{k}\cdot\mathbf{x}-\omega\cdot t+\varphi/2)]$

$-\, <z|\, a^+_k a^+_k\, |z>\, \exp[-i2(\mathbf{k}\cdot\mathbf{x}-\omega\cdot t+\varphi/2)]\,\}$

Mit $z = |z|\,\exp(i\theta)$ bei einem beliebigen Phasenwinkel θ verwenden Sie weiter

$\langle z|aa|z\rangle = z^2 = |z|^2\,\exp(i2\theta)$, $\langle z|a^+a^+|z\rangle = z^{*2} = |z|^2\,\exp(-i2\theta)$ und

$\langle z|a^+a|z\rangle = \langle z|n|z\rangle = |z|^2 = \langle n\rangle$:

also

$= f^2\,\omega^2\,4\,\cos^2(\varphi/2)\{2\,|z|^2 + 1 - |z|^2\,\exp[i2(\mathbf{k\cdot x}-\omega\cdot t+\varphi/2+\theta)] - |z|^2\,\exp[-i2(\mathbf{k\cdot x}-\omega\cdot t+\varphi/2+\theta)]\}$

$= f^2\,\omega^2\,4\,\cos^2(\varphi/2)\{2\,|z|^2 + 1 - 2|z|^2\,\cos[2(\mathbf{k\cdot x}-\omega\cdot t+\varphi/2+\theta)]\}$

$= f^2\,\omega^2\,4\,\cos^2(\varphi/2)\{2\,|z|^2\,[1 - \cos[2(\mathbf{k\cdot x}-\omega\cdot t+\varphi/2+\theta)]] + 1\}$

$= f^2\,\omega^2\,16\,\cos^2(\varphi/2)\{|z|^2\,\sin^2(\mathbf{k\cdot x}-\omega\cdot t+\varphi/2+\theta) + \tfrac{1}{4}\}$

Das sollte im Wesentlichen der Zeit- und Ortsabhängigkeit bei klassischen Wellen entsprechen. Das sagt ja die semiklassische Näherung. Θ können Sie notfalls passend wählen.

Zeitgemittelt über eine Periode erhalten Sie aber

$$\overline{\langle z|\,(\mathbf{E}_{\overline{k}} + \mathbf{E}_{\overline{k}}')^2\,|z\rangle} = f^2\,\omega^2\,8\,\cos^2(\varphi/2)\{|z|^2 + \tfrac{1}{2}\}$$

und mit einem entsprechenden magnetischen Beitrag ergibt sich die zeitgemittelte Energiedichte auf dem Schirm mit Minima und Maxima je nach dem lokalen Gangunterschied:

$$\overline{\langle z|\,U\,|z\rangle} = \tfrac{1}{2}\,\varepsilon_0\,f^2\,\omega^2\,16\,\cos^2(\varphi/2)\{|z|^2 + \tfrac{1}{2}\} = \hbar\omega/V\,4\,\cos^2(\varphi/2)\{\langle n\rangle + \tfrac{1}{2}\}$$

Gegenüber dem Ergebnis bei Fock-Zuständen muss nur die Photonenzahl n durch ihren Erwartungswert $\langle n\rangle$ ersetzt werden, wenn wir wieder den von n bzw. $\langle n\rangle$ unabhängigen Term weglassen, ein recht plausibles Ergebnis.

Das Programm dieses Kapitels stellt eigentlich ein Schießen mit Kanonen auf Spatzen dar: Nach Kenntnissen von der semiklassischen Methode erwarten wir ein Ergebnis nach Kap. 2.2.2:

$$U = 4\,A_0^2\,\cos^2(\varphi/2)\,\cos^2[\mathbf{k\cdot x}-\omega\cdot t + \varphi/2] \quad\text{bzw.}\quad \langle U\rangle = 2\,\varepsilon_0\,\omega^2\,A_0^2\,\cos^2(\varphi/2)$$

Die Rechnung ist hier etwas komplizierter als bei Fock-Zuständen, weil wir ja zunächst anstreben, auch die richtige Zeitabhängigkeit zu erhalten, die wir - zum Vergleich mit Fock-Zuständen und aus messtechnischen Gründen - doch wieder unter Bildung des Zeitmittels verwerfen.

8.5 Ein einzelnes Photon am Polarisator

Hier wird gezeigt, dass sich sogar einzelne Photonen an Polarisatoren „wie klassische Wellen" verhalten. Typische Quanteneigenschaften, die Sie in der Schule eigentlich mit einzelnen Photonen zeigen möchten (Anhang B), können Sie damit bereits - über eine Analogie hinaus - mit Polarisatoren und gewöhnlichem Licht oder mit Laserlicht veranschaulichen. Polarisation ist offenbar ebenso wenig geeignet wie Doppelspalt-Interferenz oder stehende Wellen, zwischen Photonen als Teilchen oder als Wellen zu entscheiden.

8.5.1 Die Messanordnung

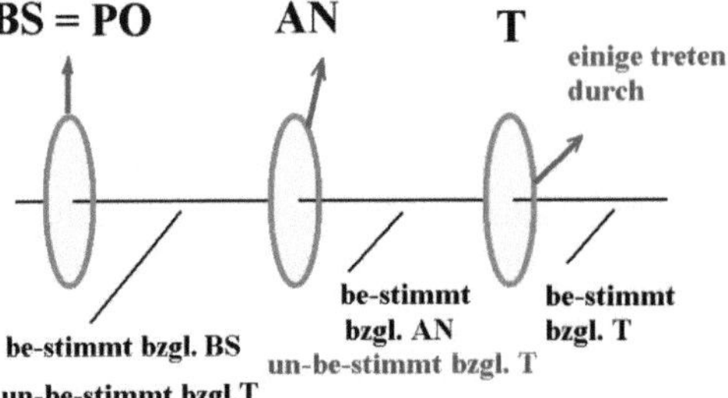

Abb. 9: Ein Teil der Photonen, die nach dem Austritt aus dem Polarisator PO vertikal polarisiert waren, sind nach dem Austritt aus T horizontal polarisiert. Offensichtlich kann man durch T nicht messen, welche Polarisation Photonen beim Austritt aus PO hatten. Als Quelle polarisierten Lichts kann evtl. der Bildschirm BS dienen.

Ein Photon mit dem Wellenzahl-Vektor $\mathbf{k} = (0,0,k)$ tritt durch einen Polarisator PO hindurch. Das Photon hat dann die be-stimmte Polarisation des Polarisators mit dem Polarisationsvektor ε_{k1}. Die orthogonale Basis der Polarisationsvektoren bzgl. PO bestehe aus ε_{k1} = (1,0,0) und ε_{k2} = (0,1,0). Die Orientierung des Polarisators sei immer ε_{k1} und habe immer die Nummer 1 (Durchlass-Richtung). Für den Polarisator PO sind die Polarisationszahlen p = 1, 2; für den Analysator s = 1, 2 und für den Tester t = 1, 2. Die Polarisationszahl 1 gehört jeweils zur Durchlass-Polarisierung.

PO dient dazu, um für einen eindeutigen Anfangszustand zu sorgen. Anschließend tritt das Photon durch einen Analysator AN, der um einen Winkel α gegenüber ε_{k1} gedreht ist. AN bestimmt eine neue Basis ε'_{k1}, ε'_{k2}. Das Photon tritt nach Passieren eines Testers T in einen Detektor.

Die folgende Rechnung beruht darauf, dass ein Photon, das bzgl. eines Polarisators be-stimmte Polarisation hat, bzgl. eines anderen Polarisators zugleich un-bestimmte Polarisation haben kann (Abb. 10).

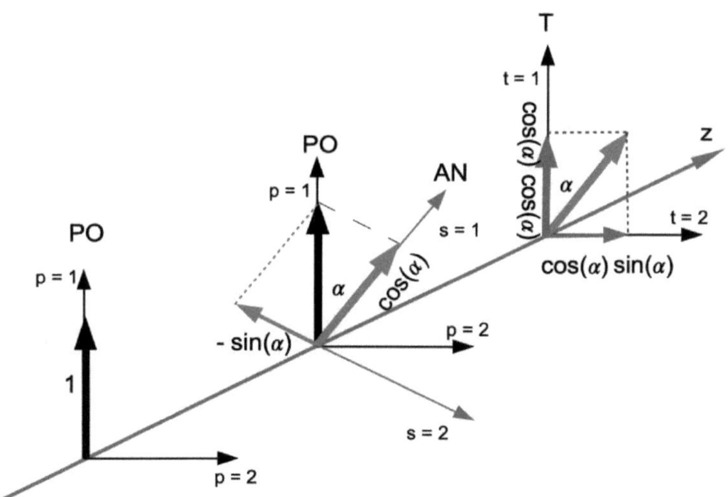

Abb. 10: *Ein Photon, das nach dem Austritt aus PO vertikal polarisiert ist, tritt mit der Wahrscheinlichkeitsamplitude cos(α) durch den Analysator AN und mit der Wahrscheinlichkeitsamplitude cos²(α) auch durch T. Mit der W-Amplitude cos(α)sin(α) wird es in T absorbiert. Zeichnung nach Malus-Gesetz in Übereinstimmung mit Rechnung für ein einzelnes Photon.*

Im kartesischen Koordinatensystem gelte $\varepsilon'_{k1} = (\cos(\alpha)\,,\,\sin(\alpha)\,,\,0)$ und $\varepsilon'_{k2} = (-\sin(\alpha)\,,\,\cos(\alpha)\,,\,0)$. Die Basis ε_{k1}, ε_{k2} (bzgl. PO) wird durch eine mathematische Drehung D in die Basis ε'_{k1} , ε'_{k2} (bzgl. AN) übergeführt, und es gilt (Polarisationszahlen p =1, 2; s = 1, 2)

$\varepsilon'_{ks} = \Sigma_p\, D_{sp}\, \varepsilon_{kp}$ mit

$D_{11} = \cos(\alpha)$; $D_{12} = \sin(\alpha)$; $D_{21} = -\sin(\alpha)$; $D_{22} = \cos(\alpha)$; $D_{33} = 1$; alle übrigen = 0. Also

$\varepsilon'_{k1} = D_{11}\varepsilon_{k1} + D_{12}\varepsilon_{k2} = \cos(\alpha)\,\varepsilon_{k1} + \sin(\alpha)\,\varepsilon_{k2} = \cos(\alpha)(1,0,0) + \sin(\alpha)(0,1,0) = (\cos(\alpha)\,,\,\sin(\alpha)\,,\,0)$

$\varepsilon'_{k2} = D_{21}\varepsilon_{k1} + D_{22}\varepsilon_{k2} = -\sin(\alpha)\,\varepsilon_{k1} + \cos(\alpha)\,\varepsilon_{k2} = (-\sin(\alpha)\,,\,\cos(\alpha)\,,\,0)$

Ebenso für die Umkehrung:

$\varepsilon_{kp} = \Sigma_s D^{-1}{}_{ps} \varepsilon'_{ks}$ mit

$D^{-1}{}_{11} = \cos(\alpha);\ D^{-1}{}_{12} = -\sin(\alpha);\ D^{-1}{}_{21} = \sin(\alpha);\ D^{-1}{}_{22} = \cos(\alpha);\ D^{-1}{}_{33} = 1;$ sonst $= 0$.
Also

$\varepsilon_{k1} = D^{-1}{}_{11}\, \varepsilon_{k1} + D^{-1}{}_{12}\varepsilon_{k2} = \cos(\alpha)\, \varepsilon'_{k1} - \sin(\alpha)\, \varepsilon'_{k2}$

$\varepsilon_{k2} = D^{-1}{}_{21}\, \varepsilon_{k1} + D^{-1}{}_{22}\varepsilon_{k2} = \sin(\alpha)\, \varepsilon'_{k1} + \cos(\alpha)\, \varepsilon'_{k2}$

Nach dem Verlassen von PO befinde sich das Photon im normierten Zustand $|k,p=1>$ mit be-stimmte r Polarisation bzgl. PO. Es kann aufgefasst werden als eine Überlagerung der beiden Zustände mit den Polarisationen bzgl. AN (s = 1, s" = 2):

$$|k,p=1> = [\,\cos(\alpha)\, a^+{}_{ks} - \sin(\alpha)\, a^+{}_{ks"}\,]\,|0>$$

Wie groß ist die Wahrscheinlichkeit, dass man das Photon *nach* Passieren von AN bei einer Messung mit der Polarisation s = 1 (also parallel AN) findet? Für die Wahrscheinlichkeitsamplitude in Durchlass-Richtung gilt:

$<0|\, a_{ks=1}\,|k,p=1> = <0|\, a_{k1}\, \cos(\alpha)\, a^+{}_{ks=1}\,|0> - <0|\, a_{k1}\, \sin(\alpha)\, a^+{}_{ks"=2}\,|0>$

$= \cos(\alpha)\, <0|\, a_{k1}\, a^+{}_{k1}\,|0> - \sin(\alpha)\, <0|\, a_{k1}\, a^+{}_{k2}\,|0> = \cos(\alpha)$.

D i e Wahrscheinlichkeitsamplitude in Sperr-Richtung (entsprechend einer Polarisation senkrecht zur Durchlass-Richtung), also mit s" = 2 :

$<0|\, a_{ks"=2}\,|k,p=1> = <0|\, a_{ks"=2}\, \cos(\alpha)\, a^+{}_{ks=1}\,|0> - <0|\, a_{k2}\, \sin(\alpha)\, a^+{}_{ks"=2}\,|0>$

$= \cos(\alpha)\, <0|\, a_{k2}\, a^+{}_{k1}\,|0> - \sin(\alpha)\, <0|\, a_{k2}\, a^+{}_{k2}\,|0> = -\sin(\alpha)$

Die Wahrscheinlichkeiten $p(PO1,AN1) = \cos^2(\alpha)$ und $p(PO1,AN2) = \sin^2(\alpha)$ erhalten Sie wieder durch Betragsquadrate. $\cos^2(\alpha)$ ist die Durchtrittswahrscheinlichkeit für Polarisation parallel zur Durchlassrichtung von AN, also zu ε'_{k1}, $\sin^2(\alpha)$ die Absorptionswahrscheinlichkeit in AN, so als hätte es eine Polarisation senkrecht dazu, also parallel zu ε'_{k2} .

Ein Photon, das AN verlässt, befindet sich im Zustand $|k,s=1> = a^+{}_{ks}\,|0>$ mit s = 1. Es hat wieder be-stimmte Polarisation, nämlich parallel zur Durchlass-Orientierung von AN. Vor dem Durchtritt war die Polarisation bzgl. A N un-bestimmt (entsprechend $|k,p=1>$, bzgl. PO be-stimmt), nach dem Durchtritt ist sie mit der Wahrscheinlichkeit $\cos^2(\alpha)$ be-stimmt (bzgl. AN) geworden, obwohl sie nach Verlassen von PO bzgl. PO be-stimmt war. Mit der Wahrscheinlichkeit $\sin^2(\alpha)$ wird das Photon in AN absorbiert.

Für $\alpha = 45^0 = \pi/4$ sind beide Wahrscheinlichkeiten ½ , für $\alpha = 90^0 = \pi/2$ dagegen 0 (kein Durchlass) bzw. 1 (für Absorption).

Verwendet man nun einen dritten Polarisator, den Tester T, der wie PO orientiert ist – anders als in Abb. 9 - , so ist die bzgl. AN be-stimmte Polarisation jetzt un-bestimmt bzgl. T (oder PO). Wir erhalten T durch eine Rückwärtsdrehung ausgehend von AN um $- \alpha$

Es gilt $|k,s=1> = a^+_{ks}|0> = [\ \cos(\alpha)\ a^+_{kt=1} + \sin(\alpha)\ a^+_{kt''=2}\ ]\ |0>$

$|k,s''=2> = a^+_{k2}|0> = [\ -\sin(\alpha)\ a^+_{kt} + \cos(\alpha)\ a^+_{kt''}\ ]\ |0>$ (s=1;s''=2; t=1;t''=2)

Wie groß ist die Wahrscheinlichkeit, dass ein ursprünglich parallel zu PO polarisiertes Photon ($|\ k,p=1>$) nach Austritt aus AN parallel polarisiert zu T (oder zu PO) ist? ($|k,t=1> = a^+_{kt}\ |0>$)

Zunächst gilt:

$<0|\ a_{kt=1}|\ |k,s=1> = <0|\ a_{kt=1}|\ [\ \cos(\alpha)\ a^+_{kt=1} + \sin(\alpha)\ a^+_{kt''}\ ]\ |0> = \cos(\alpha)$

$<0|\ a_{kt''=2}\ |k,s=1> = <0|\ a_{kt''=2}|\ [\ \cos(\alpha)\ a^+_{kt=1} + \sin(\alpha)\ a^+_{kt''}\ ]\ |0> = \sin(\alpha)$

Die Wahrscheinlichkeitsamplitude für Austritt mit Polarisation parallel zu T (also auch parallel zu PO) ist dann $\cos^2(\alpha)$, die Wahrscheinlichkeitsamplitude für Absorption in T ist $\cos(\alpha)\sin(\alpha) = $ ½ $\sin(2\alpha)$, die Wahrscheinlichkeiten sind also $\cos^4(\alpha)$ und ¼ $\sin^2(2\alpha)$, beides nach Austritt aus AN.

Wenn $\alpha = 45^0$ sind beide Wahrscheinlichkeiten ¼, zusammen also ½. Mit der Wahrscheinlichkeit ½ werden aus PO austretende Photonen in AN absorbiert, wie Sie schon wissen.

Wenn $\alpha = 0^0$, ist die Durchtrittswahrscheinlichkeit mit Polarisation parallel zu PO (bei idealen Polarisatoren) 1; die Polarisationsmessung ist **reproduzierbar**. Wenn $\alpha = 90^0$, ist sie 0.

Im Allgemeinen wird aus einem Photonen, das polarisiert bzgl. PO war, mit d e r Wahrscheinlichkeit $p(PO1,AN1,T1) = \cos^4(\alpha)$ nach dem Durchtritt durch AN und T ein gleich polarisiertes Photon. Bemerkenswert ist, dass mit einer Wahrscheinlichkeit $p(PO1,AN1,T2) = \cos^2(\alpha)\sin^2(\alpha)$ ein solches Photon nach Durchtritt durch AN in T absorbiert wird, **so als wäre es zu PO senkrecht polarisiert.**

Für geänderte Reihenfolge der Polarisatoren gilt: $p(PO1,T1,AN1) = \cos^2(\alpha)$;

p(PO1,AN1,T1) = $\cos^4(\alpha)$. [39] Die beiden Messungen der Polarisation bzgl. AN und bzgl. T sind offenbar nicht **vertauschbar**, also komplementär. Es kommt auf die Reihenfolge der Messungen an.

8.5.2 Überlegungen für den Quantenphysik-Unterricht

Hätten Sie mit dem Malus'schen Gesetz der Polarisation nicht entsprechende Ergebnisse erhalten? Ja, aber nur für klassische elektromagnetische Wellen. Hier wurde es so aufwändig erneut hergeleitet, weil es jetzt auch für ein einzelnes Photon gilt. Das klassische Malus-Gesetz basiert auf einer einfachen Vektor-Zerlegung der elektrischen Feldstärke (Abb. 10) und ist eigentlich nur für klassische elektromagnetische Wellen gültig. Jetzt wissen Sie, dass es auch für einzelne Photonen gilt und selbstverständlich – mittels der kohärenten Glauber-Zustände – in der semiklassischen Quantenphysik. Dahinter steckt die Überlegung, dass ein Photon, das bzgl. eines Polarisators be-stimmte Polarisation hat, bzgl. eines anderen Polarisators zugleich unbestimmte Polarisation haben kann.

Weitere eher qualitative Überlegungen zu Polarisationsexperimenten, die sehr aufschlussreich zum Verständnis von Grundlagen der QP sind, finden Sie außer in Anhang B unter

https://www.forphys.de/Website/qm/schulversuche/polfilter2.html

Sie gelten nach diesen Ausführungen auch für ein einzelnes Photon. Bei den Polarisationsexperimenten handelt es sich nicht nur um Analogieexperimente (statt Einzelphotonenversuchen), obwohl sie mit klassischem Licht durchgeführt werden! Der Versuch zeigt das, was auch bei wiederholten Messungen an einem einzelnen Photon zu erwarten ist, abgesehen von den hier deutlicheren statistischen Streuungen.

39: *Die Zahl 1 weist darauf hin, dass die Polarisation jeweils parallel zum Polarisator ist.*

8.5.3 Erläuterung von be-stimmt und un-bestimmt

Wenn sich ein Quantensystem bzgl. einer Eigenschaft A in einem Eigenzustand $|a>$ befindet, ergibt sich bei wiederholten Messungen immer derselbe Messwert a. Die Messung ist dann reproduzierbar. Die Eigenschaft A ist be-stimmt mit dem Messwert a. Man kann auch sagen, das Quantensystem habe jetzt diese Eigenschaft.

Bzgl. einer anderen Eigenschaft B ist der Zustand $|a>$ i.A. kein Eigenzustand. Er kann aber ausgedrückt werden als eine Überlagerung von Eigenzuständen $|b_i>$ zur Eigenschaft B ($i = 1, 2, 3, \dots$):

$$|a> = \sum_i c_i \, |b_i> \quad \text{(Summe über alle i)} .$$

Wiederholte Messung der Eigenschaft A – wenn das Quantensystem jeweils zuvor in denselben Eigenzustand $|a>$ präpariert wurde, liefert dann mit der Wahrscheinlichkeit $|c_i|^2$ jeweils einen der Messwerte b_i, also streuende Messwerte. Der Zustand $|a>$ ist dann zugleich be-stimmt bzgl. der Eigenschaft A und zugleich un-bestimmt bzgl. der Eigenschaft B.

So hatten Sie das gesehen bei der be-stimmten Polarisation bzgl. PO, die zugleich un-bestimmt war bzgl. AN.

8.6 Prinzip eines Quantenradierers ?
Ein modifizierter Doppelspalt-Versuch

8.6.1 Das Experiment - klassisch diskutiert [40]

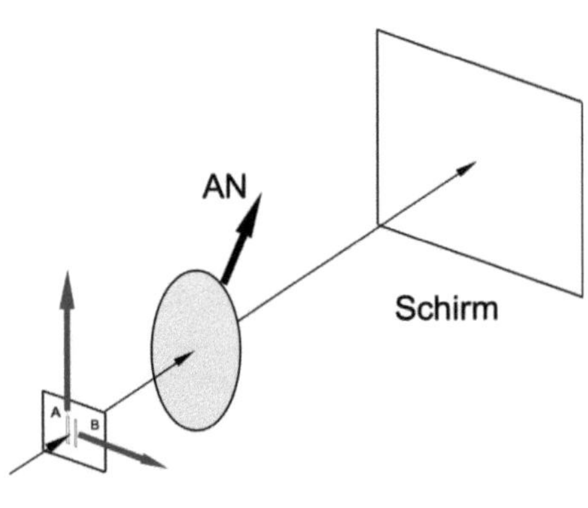

***Abb. 11**: Modifizierter Doppelspalt: durchtretendes Licht wird unterschiedlich polarisiert (A, B). Mit dem Analysator AN wird eingestellt, ob Einzelspalt- oder Doppelspalt-Interferenz beobachtet werden soll.*

Beim modifizierten Doppelspalt sind die beiden Spalte (A, B) mit senkrecht zueinander orientierten Polarisationsfolien beklebt. Laserlicht tritt durch d e n Doppelspalt und dann durch den Analysator und fällt auf den Schirm. Je nach der Analysator-Orientierung beobachtet man Einzelspalt- oder Doppelspalt-Interferenz m i t mehr oder weniger großem Kontrast.

Durch die Polarisationsfolien soll der Durchtrittsort (falls es einen gibt) der Photonen markiert werden.

Mit dem Versuch soll der Zusammenhang zwischen „Welcher-Weg-Information" (über den Durchtrittsort) und Interferenz untersucht und veranschaulicht werden. Das ist seine Funktion im Quantenphysik-Unterricht.

1. Durchtritt durch AN (bei 45°):

Wahrscheinlichkeit $p_1 = 0{,}5$ und $p_2 = 0{,}5$ bei Polarisation in x- bzw. in y-Richtung

---

40: *Eine Variante des mit Polarisatoren modifizierten Doppelspalts habe ich zuerst bei [Kü] kennengelernt.*

2.a Durchtritt durch gewöhnlichen Doppelspalt mit gleichen Wahrscheinlichkeiten ($|A_x| = |A_y| = A_0$)

Für Weg 2 wird eine zusätzliche Phasenverschiebung φ eingebaut, die zur Interferenz führen soll.

Es ergibt sich

$(A+A') = A_0 \{ \cos(\mathbf{k}\cdot\mathbf{x}-\omega\cdot t+\varphi) + \cos(\mathbf{k}\cdot\mathbf{x}-\omega\cdot t)\}$

$= 2\,A_0 \cos [\,\mathbf{k}\cdot\mathbf{x}-\omega\cdot t + \varphi/2]\,\cos(\varphi/2)$

$(A+A')^2 = 4\,A_0{}^2 \cos^2(\varphi/2)\,\cos^2[\mathbf{k}\cdot\mathbf{x}-\omega\cdot t + \varphi/2]$

$<(A+A')^2> = 2\,A^2_0\,\cos^2(\varphi/2)$ im zeitlichen Mittel über eine Periode. Interferenz in Abhängigkeit von φ zeigt sich bei jeder beliebigen Amplitude A_0 .

2.b Durchtritt durch modifizierten Doppelspalt bei gleichmäßiger Aufteilung des Strahls ($|A_x| = |A_y| = A_0$) und senkrechter Orientierung der Polarisatoren A und B

$(A+A') = \{\,\mathbf{A}_x \cos(\mathbf{k}\cdot\mathbf{x}-\omega\cdot t+\varphi) + \mathbf{A}_y \cos(\mathbf{k}\cdot\mathbf{x}-\omega\cdot t)\}$

$(A+A')^2 = \mathbf{A}^2_x \cos^2(\mathbf{k}\cdot\mathbf{x}-\omega\cdot t+\varphi) + \mathbf{A}^2_y \cos^2(\mathbf{k}\cdot\mathbf{x}-\omega\cdot t)$, da $\mathbf{A}_x \cdot \mathbf{A}_y = 0$

$<(A+A')^2> = A^2_0$ im zeitlichen Mittel.

In diesem Fall lässt sich keine Interferenz beobachten. Nur die halbe Intensität tritt durch; die andere Hälfte wird in den Polarisationsfolien absorbiert.

3.a beide Strahlen zusätzlich durch 45^0-Analysator ($|A_x| = |A_y| = A_0$):

$A'_x = \tfrac{1}{2}\,[\,A_0 \cos(\mathbf{k}\cdot\mathbf{x}-\omega\cdot t+\varphi)\cdot\cos(\alpha) - A_0 \cos(\mathbf{k}\cdot\mathbf{x}-\omega\cdot t)\cdot\sin(\alpha)]$

$A'_y = \tfrac{1}{2}\,[\,A_0 \cos(\mathbf{k}\cdot\mathbf{x}-\omega\cdot t+\varphi)\cdot\sin(\alpha) + A_0 \cos(\mathbf{k}\cdot\mathbf{x}-\omega\cdot t)\cdot\cos(\alpha)]$

$\alpha = 45^0 => \sin(\alpha) = \cos(\alpha) = \tfrac{1}{2}\,\sqrt{2}$

In Durchlassrichtung des Analysators (z.B. in x'-Richtung):

$(A\text{''}_x)^2 = \tfrac{1}{2}\,\,A^2_0\,[\,\cos(\mathbf{k}\cdot\mathbf{x}-\omega\cdot t+\varphi) - \cos(\mathbf{k}\cdot\mathbf{x}-\omega\cdot t)]^2$

$= \tfrac{1}{2}\,A_0{}^2\,4\,\sin^2(\varphi/2)\,\sin^2[\mathbf{k}\cdot\mathbf{x}-\omega\cdot t + \varphi/2]$,

da $\cos(x) - \cos(y) = -2\sin[(x+y)/2]\cdot\,\sin[(x-y)/2]$

im zeitlichen Mittel also

$<(\mathbf{A}``_x)^2> = A_0^2 \; \sin^2(\varphi/2)$

und z.B. in y'-Richtung:

$(\mathbf{A}``_y)^2 = \frac{1}{2} \; A^2_0 \; [\; \cos(\mathbf{k}\cdot\mathbf{x}-\omega\cdot t+\varphi) + \cos(\mathbf{k}\cdot\mathbf{x}-\omega\cdot t)]^2$
$= \frac{1}{2} \; 4 \, A_0^2 \cos^2(\varphi/2) \cos^2[\mathbf{k}\cdot\mathbf{x}-\omega\cdot t + \varphi/2] \; ,$
da $\cos(x) + \cos(y) = 2 \cos[(x+y)/2] \; \cos[(x-y)/2]$

im zeitlichen Mittel also:

$<(\mathbf{A}``_y)^2> = \; A_0^2 \cos^2(\varphi/2)$

Es kommt wieder zur Interferenz in Abhängigkeit von φ. Auf beide Orientierungen des Analysator zusammen fällt A_{x0}^2. Der Faktor $\frac{1}{2}$ kommt von der zeitlichen Mittelung. Die Gesamt-Intensität ist

$<(\mathbf{A}``_x)^2> + <(\mathbf{A}``_y)^2> = A_0^2$

Abhängig vom Phasenunterschied φ (Gangunterschied) entstehen Maxima und Minima.

Die Energiedichte ist um den Faktor 4 kleiner als bei Fall 2.a, da durch die zweimaligen Polfilter die Intensität jeweils um $\frac{1}{2}$ reduziert wurde.

Übliche Deutung: Durch die Polarisationsfolien über den beiden Spalten wurden durchtretende Photonen je nach Durchtrittsort markiert. Sie waren damit nicht mehr identisch und nicht mehr interferenzfähig, hatten aber immer noch den Phasenunterschied φ. Die Polarisationsvektoren standen senkrecht aufeinander. Durch den nachfolgenden Analysator ($\alpha = 45^0$) wurde die Markierung wieder entfernt, d.h. die Photonen wieder identisch gemacht, aber sie trugen immer noch die Information über den Phasenunterschied φ. Deshalb konnten sie wieder interferieren. Das wird als eine Bestätigung für die Aussage angesehen, dass Welcher-Weg-Information und Interferenz sich gegenseitig ausschließen. Ohne die Wegmarkierung kommt es zur Interferenz, auch, wenn die Wegmarkierung erst nachträglich entfernt wird. Dann aber hat es keinen Sinn, von einem be-stimmte n Durchtrittsort zu sprechen. Das zu entscheiden hat der Experimentator in der Hand. Wählt er die Analysator-Polarisation in x-Richtung, kann er angeblich ausschließlich Photonen nachweisen, die durch den Spalt A getreten sind, entsprechend für

Wahl der Analysator-Polarisation in y-Richtung. In beiden Orientierungen findet keine Interferenz statt, aber der Durchtrittsort sei jeweils bekannt.

Es wird sich herausstellen, dass diese Deutung sehr problematisch ist.

Schaut man genauer hin, bemerkt man auch bei der Orientierung Analysator-Polarisation in x- oder y-Richtung, also auch ohne Analysator, Interferenz, diesmal aber die „breitere" bzgl. des Einfachspalts. Diese Interferenzfigur entspricht der Einhüllenden, wenn die Doppelspalt-Interferenz sichtbar ist (Abb. 12). Grund ist, im Sinne der Regel über die Konkurrenz von Welcher-Weg-Information und Interferenz, dass zwischen verschiedenen Durchtrittsorten innerhalb eines der Spalte nicht entschieden wird.

Auch von daher kann keine Rede davon sein, dass sich einmal der „Wellencharakter", das andere Mal der „Teilchencharakter" zeige!

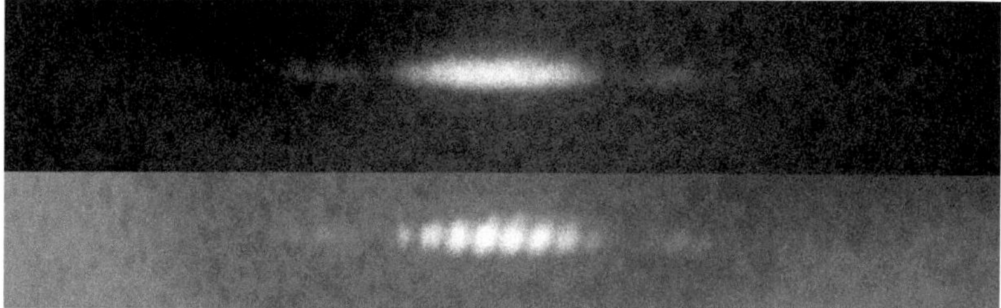

Abb. 12: *Versuchsergebnis mit modifiziertem Doppelspalt. Im oberen Foto ist der Analysator AN so orientiert, dass nur die Interferenzfigur eines Einzelspalts (ES) sichtbar ist, im unteren Foto die des Doppelspalts (DS) mit einer Einhüllenden gemäß ES. Wie in diesem Kapitel gezeigt, würde er auch mit einzelnen Photonen in der gleichen Weise ablaufen. Glauber-Zuständen, die in gewisser Weise Quantentheorie und klassische Elektrodynamik berücksichtigen, lehren, dass eine semiklassische Theorie und das Experiment quasi gleiches Ergebnis zeigen.*

Mit der Problematik Welle oder Teilchen hat das offensichtlich nichts zu tun, da die Aussagen der klassischen Elektrodynamik weitgehend übereinstimmen mit der quantentheoretischen Betrachtung. Manchmal liest man, man habe durch die Analysatorstellung entschieden, dass sich in einem Fall die Photonen *wie* Teilchen verhalten, in einem anderen Fall *wie* Wellen, ja man könne sogar durch unterschiedliche Analysator-Einstellungen kontinuierliche Übergänge zwischen Teilchen und Welle erzwingen. Manche Autoren sprechen sogar davon, dass sich einmal das Photon *als* Teilchen auf einem bestimmten Weg durch den Doppelspalt, ein andermal *als* Welle auf beiden Wegen gleichzeitig bewege, was durch einen späteren Beobachter entschieden werden könne. Hier liegt ein Missverständnis vor. Es ist sicher nicht so, dass Photonen je nach Experiment ihren „Charakter" wechseln, und rückwärts in die Vergangenheit kann man auch kein Verhalten ändern (s. Kap. 8.6.3).

3.b beide Strahlen durch Analysator unter beliebigem Winkel α (i.A. $A^2_x \neq A^2_y$):

$A''_x = A_{x0} \cos(\mathbf{k\cdot x}\text{-}\omega\cdot t+\varphi)\cdot\cos(\alpha) - A_{y0} \cos(\mathbf{k\cdot x}\text{-}\omega\cdot t)\cdot\sin(\alpha)$

$A''_y = A_{x0} \cos(\mathbf{k\cdot x}\text{-}\omega\cdot t+\varphi)\cdot\sin(\alpha) + A_{y0} \cos(\mathbf{k\cdot x}\text{-}\omega\cdot t)\cdot\cos(\alpha)$

In Durchlassrichtung des Analysators (z.B. in y'-Richtung):

$(A''_y)^2 = A^2_0 [\cos(\mathbf{k\cdot x}\text{-}\omega\cdot t+\varphi)\cdot\sin(\alpha) + \cos(\mathbf{k\cdot x}\text{-}\omega\cdot t)\cdot\cos(\alpha)]^2$

$= A^2_0[\cos^2(\mathbf{k\cdot x}\text{-}\omega\cdot t+\varphi)\cdot\sin^2(\alpha) + \cos^2(\mathbf{k\cdot x}\text{-}\omega\cdot t)\cdot\cos^2(\alpha) + \cos(\mathbf{k\cdot x}\text{-}\omega\cdot t+\varphi)\cdot\cos(\mathbf{k\cdot x}\text{-}\omega\cdot t)\sin(2\alpha)]$

$= A^2_0 \{\cos^2(\mathbf{k\cdot x}\text{-}\omega\cdot t+\varphi)\cdot\sin^2(\alpha) + \cos^2(\mathbf{k\cdot x}\text{-}\omega\cdot t)\cdot\cos^2(\alpha) + \tfrac{1}{2} [\cos(\varphi) + \cos(2(\mathbf{k\cdot x}\text{-}\omega\cdot t+\varphi))] \sin(2\alpha)\}$

im zeitlichen Mittel:

$<(A''_y)^2>$

$= \tfrac{1}{2} A^2_0\{\sin^2(\alpha) + \cos^2(\alpha) + \cos(\varphi) \sin(2\alpha)\}$

$= \tfrac{1}{2} A^2_0 \{ 1 + \cos(\varphi) \sin(2\alpha) \}$

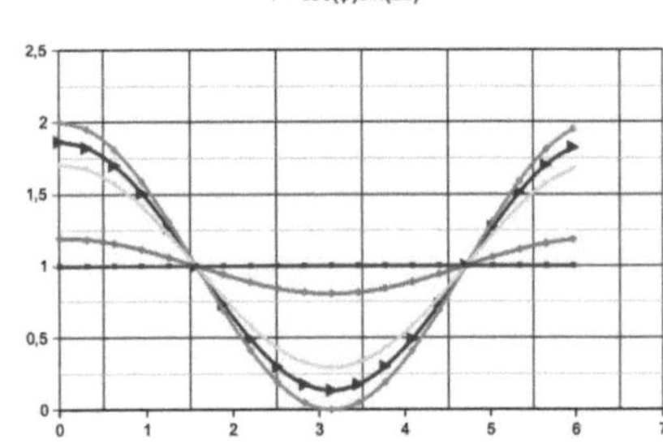

Abb. 13*: Modifizierter Doppelspalt: Interferenzfigur mit einstellbarem Kontrast. Nach rechts Ê. Das lässt sich – nach häufiger Wiederholung des Experiments - auch für jeweils ein einziges Photon beobachten. Der Kontrast wird durch die Orientierung des Analysators (ρ) eingestellt.*

$\alpha = 0^0 \Rightarrow <(A''_x)^2> = \tfrac{1}{2} A^2_0$ keine Doppelspalt-Interferenz

$\alpha = 90^0 \Rightarrow <(A''_x)^2> = \tfrac{1}{2} A^2_0$ keine Doppelspalt-Interferenz

$\alpha = 45^0 \Rightarrow <(A''_x)^2> = A^2_0 \cos^2(\varphi/2)$ Doppelspalt-Interferenz

Die Intensität wird mit dem Faktor $\sin(2\alpha)$ moduliert (Abb. 13). Der stärkste Kontrast tritt bei $\alpha = 45^0$ auf.

8.6.2 Handelt es sich um einen Versuch mit „verzögerter Entscheidung" (delayed choice)?

Man könnte sagen, dass sich der Experimentator erst mit der Einstellung des Analysators entscheidet, ob er einen Versuch zur Untersuchung des Durchtrittsorts oder der Interferenz durchführen möchte.

Besonders eklatant ist das bei einem Gedanken-Experiment von Wheeler [Whe], bei dem Strahlung von einem Quasar links und rechts herum an einer Galaxie gebeugt werden soll. In der Nähe des Beobachtungspunkts auf der Erde wird entweder ein Interferenzschirm aufgestellt, oder es wird durch gerichtete Zähler entschieden, ob die eintreffende Photonen am linken oder am rechten Rand der Galaxie passierten. Nur in letzterem Fall könne der „Passier-Ort" beim beugenden Objekt bestimmt werden. Es wird manchmal behauptet, dass dabei jetzt, Milliarden Jahre nach dem Passieren, entschieden wird, ob das „Photon *als* Teilchen" an genau einem Rand oder „*als* Welle" an beiden Rändern vorbei gelaufen sei („Retrokausalität"). Absurd!

Ja, es handelt sich um eine verzögerte Entscheidung, aber keine, die Einfluss nimmt, ob das Photon „als Teilchen oder als Welle" auftritt. Wie Sie sehen werden, ergeben sich beide Möglichkeiten aus der Quantenelektrodynamik, die die Sachverhalte, je nach der Fragestellung richtig beschreibt, aber keine Entscheidung zugunsten von Teilchen oder Welle fällt. Man sollte sich vor irreführenden Interpretationen hüten. In einem Fall wird gemessen, wie viele Photonen zufällig nach Passieren von AN den einen der beiden Zustände realisiert haben, genauer, mit welcher Wahrscheinlichkeit sich Photonen „für einen Zustand entschieden haben", der dem Passieren auf einem der beiden Wege *entspricht* (Passage links oder rechts um die Galaxie).

Ich fürchte, wer behauptet, losgelöst von dem Wahrscheinlichkeitsaspekt des Zustands, das Photon würde sich wie ein klassisches Teilchen wirklich nach einer der beiden Möglichkeiten bewegen, hat den Begriff der Un-bestimmtheit bzw. des Zustands m.E. nicht verstanden.

Es ist sicher nicht so, dass beim Versuch mit dem modifizierten Doppelspalt nachträglich entschieden wird, durch welchen Spalt das Photon getreten ist, oder dass das Handeln des Beobachters nachträglich den Photonen beim Passieren einen bestimmten Weg aufzwänge, oder, dass das Photon als Welle oder Teilchen durchgetreten ist. Vielmehr ist es so, dass man bei der einen Einstellung nur Photonen betrachtet, die eine Polarisation entsprechend

Spalt A haben, bei der anderen Einstellung entsprechend Spalt B. Es wird nicht nachträglich ein realer Passier-Ort (Durchtrittsort) entschieden, sondern ein Zustand, der einem be-stimmten Passier-Ort entspricht/ähnelt.

Bei dem Gedankenexperiment von Scully, Englert und Walther [Scu1] dagegen entsteht in dem einen Resonator Information über den realen Durchtrittsort. Hier fällt bereits beim Durchtritt die Entscheidung für einen der beiden Spalte. Wegen dieser echten Welcher-Weg-Entscheidung kommt es dort nicht zur Interferenz. Die Erfahrung zeigt, dass es auf „echt" oder „unecht" hier nicht ankommt.

8.6.3 Quantentheoretische Analyse des modifizierten Doppelspalt-Versuchs

1. Gewöhnliche Zweistrahl-Interferenz mit monochromatischem Licht:

Zunächst werden wieder die Feldoperatoren bzgl. gleichem Wellenzahl-Vektor $\mathbf{k}$ und gleicher Polarisation s, jedoch mit Phasenunterschied φ (von $\mathbf{A'}$ gegenüber $\mathbf{A}$) überlagert.

$(\mathbf{A'} + \mathbf{A})^2 = f^2 \, \varepsilon_{ks} \cdot \varepsilon_{ks}$

$\cdot \{a_{ks} \exp[i(\mathbf{k}\cdot\mathbf{x}-\omega\cdot t + \varphi)] + a_{ks} \exp[i(\mathbf{k}\cdot\mathbf{x}-\omega\cdot t)] + a^+_{ks} \exp[-i(\mathbf{k}\cdot\mathbf{x}-\omega\cdot t + \varphi)] + a^+_{ks} \exp[-i(\mathbf{k}\cdot\mathbf{x}-\omega\cdot t)]\} \cdot \{ a_{ks} \exp[i(\mathbf{k}\cdot\mathbf{x}-\omega\cdot t + \varphi)] + a_{ks} \exp[i(\mathbf{k}\cdot\mathbf{x}-\omega\cdot t)] + a^+_{ks} \exp[-i(\mathbf{k}\cdot\mathbf{x}-\omega\cdot t + \varphi)] + a^+_{ks} \exp[-i(\mathbf{k}\cdot\mathbf{x}-\omega\cdot t)] \}$

mit $\varepsilon_{ks} \cdot \varepsilon_{ks} = 1$, wobei $f = [\hbar/(2\varepsilon_0 V\omega_k)]^{1/2}$

$= f^2 \{ a_{ks} \exp[i(\mathbf{k}\cdot\mathbf{x}-\omega\cdot t)][\exp(i\varphi) + 1] + a^+_{ks} \exp[-i(\mathbf{k}\cdot\mathbf{x}-\omega\cdot t)] [\exp(-i\varphi) + 1] \}$

$\qquad \{ a_{ks} \exp[i(\mathbf{k}\cdot\mathbf{x}-\omega\cdot t)][\exp(i\varphi)] + 1] + a^+_{ks} \exp[-i(\mathbf{k}\cdot\mathbf{x}-\omega\cdot t)] [\exp(-i\varphi) + 1]$

oder mit erkennbarer Symbolik

$= f^2 \{ a_{ks} \, a^+_{ks} \; e^{i+}e^{i-} + a^+_{ks} \, a_{ks} \, e^{i-}e^{i+} \} +$ weitere belanglose Terme vom Typ aa oder a^+a^+

wobei

$e^{i+}e^{i-} = e^{i-}e^{i+} =$

$= \{\exp[i(\mathbf{k}\cdot\mathbf{x}-\omega\cdot t + \varphi)] + \exp[i(\mathbf{k}\cdot\mathbf{x}-\omega\cdot t)]\} \cdot \{\exp[-i(\mathbf{k}\cdot\mathbf{x}-\omega\cdot t) + \varphi)] + \exp[-i(\mathbf{k}\cdot\mathbf{x}-\omega\cdot t)]\}$

$= \exp[i(\mathbf{k}\cdot\mathbf{x}-\omega\cdot t) [\exp(i \varphi) +1] \cdot \exp[-i(\mathbf{k}\cdot\mathbf{x}-\omega\cdot t) [\exp(-i\varphi) + 1]$

$= 4 \cos^2(\varphi/2)$

Also:

$(\mathbf{A} + \mathbf{A}')^2 = f^2 \{ 8 (n + \frac{1}{2}) \cos^2(\varphi/2) \}$
als Operator-Gleichung (auch mit n als Teilchenzahl-Operator). Wieder ist in diesem Operator alles enthalten, was über die Interferenz-Experimente mit Hilfe von geeigneten Zuständen gelernt werden kann.

1. Normaler Doppelspalt:

Um eine messbare Größe (Erwartungswert der Energiedichte) zu erhalten müssen wir wieder den Erwartungswert bzgl. bestimmter geeigneter Zustände untersuchen. Bei deren Auswahl muss man einige Vorsicht walten lassen. Durch den Doppelspalt sollen Photonen mit be-stimmter Polarisation s und be-stimmtem Impuls hindurch treten. Es handelt sich um einen n-fach besetzten single-mode-Zustand zum Wellenvektor **k.**

Mit $|n_{ks}\rangle = |n\rangle = 1/\sqrt{(n!)} \, (a^+_{ks})^n \, |0\rangle$ folgt der Erwartungswert
$\langle n_{ks}| \, (\mathbf{A}+\mathbf{A}')^2 \, |n_{ks}\rangle = f^2 \{ 8 (n + \frac{1}{2}) \cos^2(\varphi/2) \} = \underline{f^2 \, 4 \{ 2\,n \cos^2(\varphi/2) + 1\}}$

wobei n diesmal die Photonenzahl ist.

Das Ergebnis ähnelt sehr dem klassischen. Es unterscheidet sich durch die jetzt gequantelte Amplitude, die sich nur in Stufen von n ändern kann, und einen Zusatz-Term, der wohl mit den Nullpunkts-Fluktuationen zusammenhängt und weggelassen wird.

Wegen

$\langle n_{ks}| \, a_{ks} \, a_{ks} \, |n_{ks}\rangle = 0$; $\langle n_{ks}| \, a^+_{ks} \, a^+_{ks} \, |n_{ks}\rangle = 0$
$\langle n_{ks}| \, a_{ks} \, a^+_{ks} \, |n_{ks}\rangle = n_{ks} + 1$; $\langle n_{ks}| \, a^+_{ks} \, a_{ks} \, |n_{ks}\rangle = n_{ks}$

können zum Erwartungswert von $(\mathbf{A}+\mathbf{A}')^2$ nur gemischte Operator-Produkte $(a_{ks} \, a^+_{ks}, \, a^+_{ks} \, a_{ks})$ beitragen.

2. Mit Polfiltern modifzierter Doppelspalt ohne Analysator

Um nach dem Durchtritt durch den Doppelspalt die zwei möglichen, zueinander senkrechten Polarisationsrichtungen s und s' berücksichtigen zu können, benutzen wir einen n-Photonen-Zustand mit un-bestimmter Polarisation. Die Wahl ist entscheidend für die Funktion des Experiments als auch - für uns vielleicht noch wichtiger – für seine Interpretation:

$$|n_s,n_{s'}> = |n,n'> = f_{no} \, [(a^+_{ks} + a^+_{ks'})^n] \, |0> = f_{no} \, [(a^+_u)^n] \, |0>$$
$$\text{mit } f_{no} = 1/\sqrt{(n!)} \text{ und } a^+_u = 1/\sqrt{2} \, (a^+_{ks} + a^+_{ks'}).$$

Das ist ein normierter n-Photonen-Zustand zum Wellenvektor **k** mit n Photonen un-bestimmter Polarisation. Jedes solcher Photonen wird aufgefasst als eine Überlagerung von einem Photon der Polarisation s mit einem Photon der Polarisation s' (s $\neq$ s').

Denn a^+_u (und auch $a^+_{u'} = 1/\sqrt{2} \, (a^+_{ks} - a^+_{ks'})$ sind die Erzeugungsoperatoren in einer neuen Basis. $a^+_u \, |0>$ ist ein normierten Einphotonen-Zustand, und es gilt $<0| \, (a_u)^n \, (a^+_u)^n \, |0> = n!$, also $f_{no} = 1/\sqrt{(n!)}$.

Damit also: $|n_{ks}, n_{ks'}> = f_{no} \, (a^+_u)^n \, |0>$. Verwenden Sie jetzt die Abkürzungen:

$$e^{+'} = \exp[i(\mathbf{k} \cdot \mathbf{x} - \omega \cdot t + \varphi)] \quad \text{und} \quad e^{-'} = \exp[-i(\mathbf{k} \cdot \mathbf{x} - \omega \cdot t + \varphi)] \, , \text{ also}$$

$$(\mathbf{A} + \mathbf{A'})^2 = f^2 \cdot$$
$$[\varepsilon_{ks}\{a_{ks} \, e^{+'} + a^+_{ks} \, e^{-'}\} + \varepsilon_{ks'}\{a_{ks'} \, e^+ + a^+_{ks'} \, e^-\}] \, [\varepsilon_{ks}\{a_{ks} \, e^{+'} + a^+_{ks} \, e^{-'}\} + \varepsilon_{ks'}\{a_{ks'} \, e^+ + a^+_{ks'} \, e^-\}]$$
$$= f^2 \, \{ a_{ks} \, e^{+'} \, a^+_{ks} \, e^{-'} + a^+_{ks} \, e^{-'} \, a_{ks} \, e^{+'} + a_{ks'} \, e^+ \, a^+_{ks'} \, e^- + a^+_{ks'} \, e^- \, a_{ks'} \, e^+ \}$$

Da $\varepsilon_{ks} \cdot \varepsilon_{ks'} = 0$, fallen einige Terme weg. Auch belanglose Anteile vom Typ aa, a'a' und a^+a^+ werden weggelassen. Mit $e^{+'}e^{-'} = 1$ und ähnlichen verbleibt die Operator-Gleichung

$$(\mathbf{A} + \mathbf{A'})^2 = f^2 \, \{ a_{ks} \, a^+_{ks} + a^+_{ks} \, a_{ks} + a_{ks'} \, a^+_{ks'} + a^+_{ks'} \, a_{ks'} \}$$
$$= f^2 \, \{ 2 \, a^+_{ks} \, a_{ks} + 1 + 2 \, a^+_{ks'} \, a_{ks'} + 1\}$$
$$= 2 \, f^2 \, [(n_{ks} + \tfrac{1}{2}) + (n_{ks'} + \tfrac{1}{2})]$$

Auch die n's sind hier Teilchenzahl-Operatoren. Ähnliches gilt für die Erwartungswerte bzgl. der Zustände $|n,n'>$. Die Intensitäten addieren sich; Interferenz findet nicht statt. Die Anteile mit $\tfrac{1}{2}$ hängen wieder mit Nullpunkts-Fluktuationen zusammen, die auch existieren, wenn die Photonenzahl n = 0 ist, und die weggelassen werden.

Im Detail: Erwartungswerte bzgl. der gewählten Zustände:

1. Teil [bzgl. $2 \, f^2 \, (n_{ks} + \tfrac{1}{2})$]:
$$= 2 \, f^2 \, f^2_{no} \, <0| \, (a_u)^n \, [n_{ks} + \tfrac{1}{2}] \, (a^+_u)^n \, |0> = 2 \, f^2 \, f^2_{no} \, <0| \, (a_u)^n \, a^+_{ks} \, a_{ks} \, (a^+_u)^n \, |0> + f^2 \cdot 1$$

$$= 2\, f^2 f^2_{no}\ \{<0|\ a^+_{ks}(a_u)^n\ (a^+_u)^n\ a_{ks}|0> + n^2/2\ <0|(a_u)^{n-1}\ (a^+_u)^{n-1}|0>\ \} + f^2$$

$$= f^2 f^2_{no}\ n^2\ <0|(a_u)^{n-1}\ (a^+_u)^{n-1}|0> +\ f^2$$

$$= f^2\, 1/n!\ n^2\ (n-1)! + f^2\ =\ f^2\ (n+1)$$

2. Teil entsprechend $(n = n')$:

$$2\, f^2 f^2_{no}\ <0|\ (a_u)^n\ [\ n_{ks'} + \tfrac{1}{2}]\ (a^+_u)^n\ |0> =\ f^2\ (n+1)$$

1. und 2. Teil zusammen $(n = n')$ => $2\, f^2\ (n+1)$: kein Einfluss der Phasenverschiebung => keine Interferenz, obwohl Photonen mit un-bestimmter Polarisation passieren.

3. Modifizierter Doppelspalt mit Polfiltern und Analysator

Als geeignete Zustände für diese Untersuchung wählen Sie wie im vorangehenden Abschnitt Zustände mit einheitlichem Wellenzahl-Vektor $\mathbf{k}$ und un-bestimmter Polarisation. Grundlage solcher Zustände ist der normierte Ein-photonen-Zustand $a^+_u = 1/\sqrt{2}\ (a^+_{ks} + a^+_{ks'})$. Der Index u soll an diese Un-bestimmtheit erinnern. Ein solches Photon wird also aufgefasst als eine Überlagerung von einem Photon der Polarisation s mit einem Photon der Polarisation s' $(s \neq s')$. Mit seiner Hilfe können wir auch n gleichartige Photonen unterbringen, nämlich im normierten n-Photonen-Zustand

$$|n_s, n_{s'}> =\ f_{no}\ [(a^+_u)^n]\ |0> \qquad \text{mit} \qquad f_{no} = 1/\sqrt{(n!)}$$

Wenn später solche Photonen durch den modifizierten Doppelspalt treten, ist mit der Polarisation auch der Durchtrittsort un-bestimmt.

Weil alle Operatoren zum Wellenzahl-Vektor $\mathbf{k}$ gehören, werden nur die unterscheidenden Polarisationen angegeben.

Beide „Strahlen" gehen durch einen Analysator AN, der um den Winkel α gegenüber PO gedreht ist (i.A. $A^2_x \neq A^2_y$):

$$A''_x = f\ \{a_s\, e^{+i} + a^+_s\, e^{-i}\ \} \cdot \cos(\alpha) - f\ \{a_{s'}\, e^{+} + a^+_{s'}\, e^{-}\ \} \cdot \sin(\alpha)$$

$$A''_y = f\ \{\, a_s\, e^{+i} + a^+_s\, e^{-i}\ \} \cdot \sin(\alpha) + f\ \{a_{s'}\, e^{+} + a^+_{s'}\, e^{-}\ \} \cdot \cos(\alpha)$$

In Durchlassrichtung des Analysators (z.B. in y'-Richtung):

$$(A''_y)^2 = [\ f\ \{\, a_s\, e^{+i} + a^+_s\, e^{-i}\ \} \cdot \sin(\alpha) + f\ \{a_{s'}\, e^{+} + a^+_{s'}\, e^{-}\ \} \cdot \cos(\alpha)\ ]^2$$

Mit den Abkürzungen für die Operatoren

$ß = \{a_s\, e^{+\iota} + a^+_s\, e^{-\iota}\}$

$ß' = \{a_{s'}\, e^+ + a^+_{s'}\, e^-\}$

erhalten wir

$(A``_y)^2 = f^2\, \{\, ß^2 \cdot \sin^2(\alpha) + ß'^2 \cdot \cos^2(\alpha) + \tfrac{1}{2}\,[\, ß \cdot ß' + ß' \cdot ß\,] \cdot \sin(2\alpha)\}$,

da $\cos(\alpha)\sin(\alpha) = \tfrac{1}{2}\sin(2\alpha)$

mit

$ß^2 = [\, a_s\, a^+_s\, e^{+\iota}\, e^{-\iota} + a^+_s\, a_s\, e^{-\iota}\, e^{+\iota}\,] +$ belanglose Terme vom Typ aa, a^+a^+

$ß^2 = a_s\, a^+_s + a^+_s\, a_s$

Analog:

$ß'^2 = a_{s'}\, a^+_{s'} + a^+_{s'}\, a_{s'}$

Weiter:

$ß ß' = \{a_s\, e^{+\iota} + a^+_s\, e^{-\iota}\}\{a_{s'}\, e^+ + a^+_{s'}\, e^-\}$

$= a_s\, e^{+\iota}\, a^+_{s'}\, e^- + a^+_s\, e^{-\iota}\, a_{s'}\, e^+ + ...$

$= a_s\, a^+_{s'}\, \exp(i\varphi) + a^+_s\, a_{s'}\, \exp(-i\varphi)$

$= a_s\, a^+_{s'}\, \exp(i\varphi) + a_{s'}\, a^+_s\, \exp(-i\varphi)$ bis auf belanglose Terme vom Typ $e^{-\iota}\, aa$ und a^+a^+,   und

$ß' ß = \{a_{s'}\, e^+ + a^+_{s'}\, e^-\}\{a_s\, e^{+\iota} + a^+_s\, e^{-\iota}\}$

$= a^+_{s'}\, a_s\, \exp(i\varphi) + a_{s'}\, a^+_s\, \exp(-i\varphi)$ bis auf belanglose Terme, also

$\tfrac{1}{2}\,[ß ß' + ß' ß] = \tfrac{1}{2}\,(a_s\, a^+_{s'} + a^+_{s'}\, a_s)\, \exp(i\varphi) + \tfrac{1}{2}\,(a_{s'}\, a^+_s + a^+_s\, a_{s'})\, \exp(-i\varphi)$

$= [a^+_{s'}\, a_s\, \exp(i\varphi) + a^+_s\, a_{s'}\, \exp(-i\varphi)]$ bis auf belanglose Terme

Sie erhalten:

$(A``_y)^2 = f^2\, \{\, ß^2 \cdot \sin^2(\alpha) + ß'^2 \cdot \cos^2(\alpha) + \tfrac{1}{2}\,[\, ß \cdot ß' + ß' \cdot ß\,] \cdot \sin(2\alpha)\,\}$

$= f^2\,\{2(n_s + \tfrac{1}{2}) \cdot \sin^2(\alpha) + 2(n_{s'} + \tfrac{1}{2}) \cdot \cos^2(\alpha) + [a^+_{s'}\, a_s\, \exp(i\varphi) + a^+_s\, a_{s'}\, \exp(-i\varphi)] \cdot \sin(2\alpha)\,\}$

$= f^2\,\{2(n_s + \tfrac{1}{2}) \cdot \sin^2(\alpha) + 2(n_{s'} + \tfrac{1}{2}) \cdot \cos^2(\alpha) + [a^+_{s'}\, a_s\, \exp(i\varphi) + a^+_s\, a_{s'}\, \exp(-i\varphi)] \cdot \sin(2\alpha)\,\}$

bis auf belanglose Terme; n_s und $n_{s'}$ sind hier immer noch Teilchenzahl-Operatoren.

Das ist der Beitrag des elektromagnetischen Feld-Operators. Zu messbaren Größen kommt man erst mit Erwartungswerten bzgl. bestimmter Zustände, in die das Feld präpariert sein soll.

Es gelten die Vertauschungsrelationen

8.6 *Prinzip eines Quantenradierers ?*

$[a,(a^+_u)^n] = a(a^+_u)^n - (a^+_u)^n a = n/\sqrt{2}\,(a^+_u)^{n-1}$ und [41]

$[a^+,(a_u)^n] = a^+(a_u)^n - (a_u)^n a^+ = -\,n/\sqrt{2}\,(a_u)^{n-1}$,

die im Folgenden beide angewandt werden.

Jetzt erst kommen die in der Polarisation gemischten Zustände ins Spiel. Ohne sie bei keiner AN-Stellung Interferenz! Es gilt weiter mit $f_{no} = 1/\sqrt{(n!)}$:

$\langle n,n'|\,[\,a_s\,a^+_s + a^+_s\,a_s\,]\,|n,n',\rangle =$

$= f_{no}^2\,2\,\langle 0|\,(a_u)^n\,(a^+_s a_s + \tfrac{1}{2})\,(a^+_u)^n\,|0\rangle$

$= f_{no}^2\,\{\,2\,\langle 0|\,(a_u)^n\,a^+_s\,(a^+_u)^n a_s\,|0\rangle + 2n/\sqrt{2}\,\langle 0|\,(a_u)^n\,a^+_s\,(a^+_u)^{n-1}|0\rangle + \langle 0|\,(a_u)^n\,(a^+_u)^n\,|0\rangle\,\}$

$= f_{no}^2\,\{2\,n/\sqrt{2}\;n/\sqrt{2}\,\langle 0|\,(a_u)^{n-1}\,(a^+_u)^{n-1}|0\rangle + n!\}$

$= f_{no}^2\,\{n^2\,(n-1)! + n!\} = f_{no}^2\,(n+1)\,n! = n+1$

Analog $(n' = n)$:

$\langle n,n'|\,[\,a_{s'}\,a^+_{s'} + a^+_{s'}\,a_{s'}\,]\,|n,n'\rangle = f_{no}^2\,(n'+1)! = n+1$

und

$\langle n,n'|\,a^+_{s'}\,a_s\,|n,n'\rangle \exp(i\varphi)$

$= f_{no}^2\,\langle 0|\,(a_u)^n\,a^+_{s'}\,a_s\,(a^+_u)^n\,|0\rangle \exp(i\varphi)$

$= f_{no}^2\,\langle 0|\,(a_u)^n\,a^+_{s'}\,(a^+_u)^n\,a_s\,|0\rangle \exp(i\varphi) + n/\sqrt{2}\,\langle 0|\,(a_u)^n\,a^+_{s'}\,(a^+_u)^{n-1}|0\rangle \exp(i\varphi)$

$= f_{no}^2\,\{0 + n/\sqrt{2}\;n/\sqrt{2}\,\langle 0|\,(a_u)^{n-1}\,(a^+_u)^{n-1}|0\rangle \exp(i\varphi)\,\}$

$= f_{no}^2\,n^2/2\,(n-1)!\,\exp(i\varphi)$

$= 1/n!\;n/2\;n!\;\exp(i\varphi) = n/2\,\exp(i\varphi)$

analog:

$\langle n,n'|\,a^+_s\,a_{s'}\,|n,n'\rangle\,\exp(-i\varphi) = n/2\,\exp(-i\varphi)$

Damit erhalten wir mit $n = n'$:

$\langle n,n'|\,(\mathbf{A'}_y)^2\,|n,n'\rangle = f^2\,\{\,(n+1) + n/2\,[\,\exp(i\varphi) + \exp(-i\varphi)]\cdot\sin(2\alpha)\,\}$

41: *Beweis durch vollständige Induktion:*

*(1) $n = 1$: $a\,a^+_u - a^+_u a = 1/\sqrt{2}\,[a\,(a^+ + a'^+) - (a^+ + a'^+)\,a] = 1/\sqrt{2}\,[\,a a^+ + a a'^+ - (a^+a + a'^+a)$
    $] = 1/\sqrt{2}\,[\,(a a^+ - a^+a) + (a a'^+ - a'^+a)\,] = 1\cdot 1/\sqrt{2} + 0$*

(2) Ann.: Richtig für n, also $[a,(a^+_u)^n] = n/\sqrt{2}\,(a^+_u)^{n-1}$

(3) Schluss auf $n+1$: $[a,(a^+_u)^{n+1}] = a(a^+_u)^{n+1}\,a^+_u - (a^+_u)^{n+1}a = (a^+_u)^n a\,a^+_u + n/\sqrt{2}\,(a^+_u)^{n-1}(a^+_u) - (a^+_u)^{n+1}a = (a^+_u)^n a^+_u a + 1/\sqrt{2}\,(a^+_u)^n + n/\sqrt{2}\,(a^+_u)^n - (a^+_u)^{n+1}a$

$= (n+1)/\sqrt{2}\,(a^+_u)^n$, also richtig für alle n

$$= f^2 \{ (n+1) + n \cos(\varphi) \cdot \sin(2\alpha) \}$$
$$= 2 f^2 \{ n/2 [1 + \cos(\varphi) \cdot \sin(2\alpha)] + \tfrac{1}{2} \}$$
$$= \hbar/(\varepsilon_0 V \omega_k) \{ n/2 [1 + \cos(\varphi) \cdot \sin(2\alpha)] + \tfrac{1}{2} \},$$

weil $f^2 = \hbar/(2\varepsilon_0 V \omega_k)$.

Mit **E** hätte sich für den elektrischen Anteil der Energiedichte ergeben:

$$\varepsilon_0 \langle n,n'| (\mathbf{E'}_y)^2 |n,n'\rangle = \hbar\omega_k/V \{ n/2 [1 + \cos(\varphi) \cdot \sin(2\alpha)] + \tfrac{1}{2} \}$$

und für die gesamte Energiedichte:

$$\langle n,n'| U |n,n'\rangle = 2 \hbar\omega_k/V \{ n/2 [1 + \cos(\varphi) \cdot \sin(2\alpha)] + \tfrac{1}{2} \}$$

$\alpha = 0^0 \Rightarrow \langle n,n'| U |n,n'\rangle = \hbar\omega_k/V (n+1)$: keine Doppelspalt-Interferenz

$\alpha = 90^0 \Rightarrow \langle n,n'| U |n,n'\rangle = \hbar\omega_k/V (n+1)$: keine Doppelspalt-Interferenz

$\alpha = 45^0 \Rightarrow \langle n,n'| U |n,n'\rangle = 2 \hbar\omega_k/V [n \cos^2(\varphi/2) + \tfrac{1}{2}]$:   Doppelspalt-Interferenz .

Der Faktor 2 kommt daher, dass 2 Sorten mit je n Photonen überlagert werden.

Im Unterschied zum zeitgemittelten klassischen Ergebnis
$$\langle (A'_y)^2 \rangle = \tfrac{1}{2} \mathbf{A}^2_0 \{1 + \cos(\varphi) \sin(2\alpha)\} ,$$

bzw. bei $\alpha = 45^0$: $\langle (A'_y)^2 \rangle = \mathbf{A}^2_0 \cos^2(\varphi/2)$,

kann jetzt die Amplitude nur diskrete Werte annehmen, die proportional zur Photonenzahl n ist. Hinzu kommt ein konstanter Untergrund, der von der Photonenzahl nicht abhängt. Möglicherweise hat er wieder etwas mit den Nullpunkts-Fluktuationen zu tun; wir lassen ihn daher hier weg. Für sehr große n ist der Hub der Interferenzintensität ohnehin sehr viel größer als der Untergrund. Bereits für ein einziges Photon zeigt sich diese Interferenz in fast der gleichen Weise wie im klassischen Fall, nur eben mit einer bestimmten von der Photonenzahl abhängigen Amplitude.

8.6.4 Diskussion: Folgerungen für den Unterricht

Durch den Drehwinkel α des Analysators kann man also einstellen, ob man Doppelspalt- oder nur Einfachspalt-Interferenz beobachten möchte. Dazwischen gibt es Situationen mit vermindertem Kontrast. Bei $\alpha = 45^0$ (höchster Kontrast), wird nicht entschieden, welche Polarisation die beitragenden Photonen beim Durchgang durch den Doppelspalt hatten, „durch welchen Spalt sie also durchtraten". Es fehlt Welcher-Weg-Information. Bei $\alpha = 90^0$ und $\alpha = 0^0$ tragen nur jeweils Photonen einer Sorte bei, nur solche, „die beim Durchtritt durch den Doppelspalt eine be-stimmte Polarisation hatten", auch: die „auf einem be-stimmten Weg durchtraten"? Manchmal wird in dieser und ähnlichen Situationen behauptet, dass die Photonen entweder *„wie* eine Welle" durch beide Spalte oder „*wie* ein Teilchen" durch genau einen Spalt getreten seien. Manchmal wird sogar schärfer formuliert *„als* Welle" oder „*als* Teilchen", so als könne der Beobachter mit seinen Manipulationen über den „Charakter" oder die „Natur" der Photonen entscheiden. Angeblich gebe es dann auch Zwischenstufen zwischen einem vermeintlichen „Wellencharakter" und einem vermeintlichen „Teilchencharakter", nämlich bei vermindertem Kontrast.

Bei dieser Interpretation sollte einerseits stutzig machen, dass klassisch der Versuch – abgesehen von Aussagen zu den Amplituden - in gleicher Weise abläuft, ohne Aussagen zu vermeintlichen „Charakteren". Zudem funktioniert der Versuch wieder bereits mit einem einzigen Photon (wenn wir nur den Versuch genügend oft wiederholen).

Andererseits zeigen die präsentierten quantentheoretischen Rechnungen, dass nach dem Durchtritt durch PO in allen Situationen **bis zur „Messung"** durch die Analysator-Einstellung **der gleiche Überlagerungs-Zustand** mit un-bestimmte r Polarisation der Photonen und damit auch un-bestimmtem Passier-Ort vorliegt. Durch den Doppelspalt tretende Photonen haben zu keinem Zeitpunkt vor dem Austritt aus dem Analysator AN be-stimmte Polarisation und be-stimmten Durchtrittsort! Erst durch die Analysator-Einstellung und nach dem Passieren der Photonen wird entschieden, welche Photonen beitragen sollen: Photonen mit der Polarisation s oder mit der dazu senkrechten s', oder aber mit un-bestimmter Polarisation bzgl. PO (aber *nach Durchtritt* be-stimmter bzgl. AN). Der Knackpunkt ist, dass ein Photon erst nach dem Passieren des Polarisators AN die Polarisation von AN hat. Ein Polarisator kann nicht die vor ihm bestehende Polarisation messen. Das Ergebnis ist dann genauso, **als seien** die beitragenden Photonen durch jeweils einen Spalt oder aber beide gelaufen, so als hätte man einen Spalt zugehalten oder beide offen gehalten.

Beim Gedanken-Experiment von Scully, Englert und Walther [Scu1] ist die Situation ganz anders. Nach Durchtritt durch den Doppelspalt sind Polarisation und Durchtrittsort be-stimmt.

Ähnlich wie beim modifizierten Doppelspalt verhält es sich beim Wheeler'schen Gedanken-Experiment mit Photonen [Whe], die eine Galaxie passieren. Dass der Experimentator auf der Erde, jetzt, durch ein Experiment festlegen könnte, wie Photonen vor Milliarden Jahren eine Galaxie passierten, ist absurd!

Wie soll man dann also eine Aussage verstehen, dass „Welcher-Weg-Information und Interferenz zueinander komplementär seien, sich gegenseitig ausschließen"? Eine echte WWI liegt hier offensichtlich zu keiner Zeit vor. Vom Zustand her beurteilt, in dem sich die Photonen befinden, nicht entsprechend ihres Schicksals, ist das Verhalten der Photonen **so, als seien** sie in einem Fall durch beide Spalte getreten, in anderen Fällen durch genau einen Spalt. Es handelt sich offenbar um eine scheinbare WWI. Wenn man sich dessen bewusst ist, kann man die zitierte Aussage zur Komplementarität wohl benutzen. Sie beschreibt wieder einmal zwar modellmäßig, aber kompakt und griffig, die Situation und wirft erneut Licht auf die problematische Welle-Teilchen-Diskussion.

8.6.5 Identitätswechsel durch Ausfiltern? Ein Lehrbeispiel für die Un-bestimmtheit

Betrachten Sie folgende Situation: Ein Photon tritt aus einem Polarisator PO aus, hat also jetzt eindeutige Polarisation bzgl. PO. Mit einem alternativ eingebauten zweiten Polarisator PO' senkrecht zu PO wird abgesichert, dass die aus PO ausgetretenen Photon bestimmt keine Polarisation senkrecht zur Durchlassrichtung von PO haben. Wie oft man den Versuch auch durchführt: niemals tritt ein Photon aus PO durch PO' hindurch. Dann trifft ein nicht verwendetes Photon aus PO auf einen Analysator AN, der unter 45^0 bzgl. PO geneigt ist. Bzgl. AN hat das Photon beim Eintritt un-bestimmte Polarisation. Mit der Wahrscheinlichkeit ½ ist auch die Polarisation parallel zu AN beteiligt; mit dieser Wahrscheinlichkeit tritt das Photon durch AN. Das ist nichts Besonderes. Dann aber trifft das Photon auf einen Tester T, der senkrecht zu PO orientiert ist (Abb. 9). Jetzt tritt das Erstaunliche ein:

Obwohl das Photon ursprünglich keinen Polarisations-Anteil parallel zu T hatte, tritt es mit der Wahrscheinlichkeit ¼ durch T hindurch und hat dann die entsprechende Polarisation.

Für ein klassisches Teilchen mit einer be-stimmten Polarisation (Spin) ist es nicht denkbar, dass es plötzlich eine diese ausschließende Eigenschaft zeigt.

Für eine klassische Welle wäre das jedoch klar: Die Feldstärke **E** parallel zu PO lässt sich in zwei Komponenten zerlegen (Abb. 10), von denen eine parallel zu AN steht. Sie wird durchgelassen und an T erneut in zwei Komponenten zerlegt, wovon eine parallel, die andere senkrecht zu T zeigt. Für ein einzelnes Photon scheint das Argument nicht anwendbar zu sein. Dennoch zeigt die QED, dass durch zweimaliges bloßes Ausfiltern aus einem eindeutig polarisierten Photon eines mit dazu senkrechter Polarisation wird, wenn auch nur mit der Wahrscheinlichkeit ¼.

Im Fall eines Photons lässt sich der Effekt mit Hilfe der Un-bestimmtheit der Polarisation bzw. der Überlagerung von Zuständen mit unterschiedlicher Polarisation ebenfalls leicht erklären.

8.6.6 Kann man Photonen, die den modifizierten Doppelspalt passieren, irgendwo einen bestimmten Durchtrittsort zuordnen? Kann man den tatsächlichen Durchtrittsort messen?

Wir wollen die Situation von Kap. 8.6.4 als Modellsituation auffassen (Abb. 10). Haben die Polarisation von Photonen, die durch den Tester T treten, irgendetwas mit der Polarisation der Photonen zu tun, die in den Analysator AN eintreten, obwohl wir T als ein Messgerät für die Polarisation auffassen wollen, obwohl wir Photonen in einem Zustand mit be-stimmter Polarisation erhalten haben?

Die Antwort ist ganz klar: nein! Obwohl wir einen Zustand für die Photonen mit Polarisation parallel zu T erhalten haben, hat dieser offenbar nichts zu tun mit dem Zustand, in dem Photonen in AN eingetreten sind.

Genauso können wir beim modifizierten Doppelspaltversuch nicht erwarten, dass die Polarisation der Photonen, die bei $\alpha = 0^0$ angeblich den Zustand „Durchgang durch Spalt A" signalisiert hat, irgendetwas mit dem tatsächlichen Durchtrittsort zu tun hat, der auf jeden Fall bis zum Eintritt in den Analysator AN un-bestimmt ist, ganz gleich wie AN orientiert ist, ganz gleich, ob Interferenz stattfindet oder nicht.

„Welcher-Weg-Information" bedeutet u.U. nicht, dass man einen tatsächlichen Weg kennt. Es bedeutet lediglich, dass man einen Zustand gefunden hat, der dem Zustand „des tatsächlichen Wegs" *entspricht*. Das schließlich nachgewiesene Photon hat sein Merkmal „Polarisation wie bei Durchgang durch Spalt A" auf eine andere Weise als durch Spalt A bekommen, klassisch würden wir sagen, beim Durchgang durch den Analysator AN. Denn vorher ist die Polarisation und damit der Weg noch un-bestimmt.

9 Photonen in der Schule

9.1 Einordnung

Für Photonen gibt es keine direkte Entsprechung zur ortsabhängigen Wellenfunktion bei nichtrelativistischen Elektronen, nicht einmal im Einteilchen-Fall, erst recht nicht im Vielteilchen-Fall wegen des Unterschieds von Fermi-Dirac- und Bose-Einstein-Statistik. Eine Feldtheorie des Materiefelds, z.B. mit dem Schrödinger-Feld, beruht auf dem orts- und zeitabhängigen Feldoperator $\Psi(\mathbf{x},t)$ – nur extrem entfernt verwandt mit der Wellenfunktion für 1 Teilchen $\psi(\mathbf{x},t)$. (Der Feldoperator enthält Informationen über beliebige Teilchenzahlen.) An seine Stelle tritt in der QED für das elektromagnetische Feld der Operator des Vektorpotenzials $\mathbf{A}(\mathbf{x},t)$. Es erscheint naheliegend, die Wellenfunktion $\psi(\mathbf{x},t)$ durch Erwartungswerte von $\mathbf{A}$, bzw. $\mathbf{E}$ und $\mathbf{B}$ zu ersetzen. Leider sind die Erwartungswerte der Felder bzgl. Teilchenzahl-Zuständen [42], unabhängig von der Teilchenzahl, immer 0. Aber bzgl. kohärenter Zustände verhalten sich die Erwartungswerte wie die klassischen Felder. Das führt auf die semiklassische Methode, bei der mit solchen quantenmechanischen Erwartungswerten wie mit klassischen elektromagnetischen Feldern gerechnet wird.

Alternativ könnte man versuchen, die ortsabhängige Wahrscheinlichkeitsdichte durch den ortsabhängigen Erwartungswert der „normierten Energiedichte" (Energiedichte pro Gesamtenergie) zu ersetzen, wenigstens für qualitative Argumente. Damit könnte man Knoten und Bäuche bei stehenden Wellen und Minima und Maxima in der Interferenzfigur beschreiben, aber nicht eigentlich erklären. Bei Vielteilchen-Zuständen ist das nur dann sinnvoll, wenn alle n Photonen zu den gleichen Quantenzahlen gehören (singlemode-Zustände). Dem entspricht, dass man sich bei Elektronen oder anderen Fermionen in der Regel auf Einteilchen-Zustände beschränkt. Im Falle von Mehrteilchen-Zuständen sind auch bei Fermionen nach der Schrödinger-Theorie die Verhältnisse komplizierter als in der Schule darstellbar (Stichwort für die einfachste Näherung: „Slater-Determinante").

Wenn man von Wahrscheinlichkeiten spricht, muss man ein **Ensemble** im

---

42: *Teilchenzahl-Zustände (Fock-Zustände) sind Zustände mit be-stimmter Teilchenzahl – im Unterschied zu Zuständen mit un-bestimmter Teilchenzahl, z.B. zu kohärenten (Glauber-)Zuständen.*

Auge haben. Dabei ist es gleichgültig, ob man Messungen immer wieder am gleichen Objekt vornimmt, oder an verschiedenen identischen. Denn Teilchen in der Quantenphysik sind nicht unterscheidbar. Darüber gibt es unter den meisten Physikern seit Jahrzehnten Konsens. Wenn in der Didaktik eine Ensemble-Deutung angemahnt wird, werden also offene Türen eingerannt. Selbstverständlich werden auch Messergebnisse an einem einzelnen Atom in einer Atomfalle oder einem einzelnen Photon in einem Hohlraum-Resonator durch die Quantentheorie korrekt erfasst. Die Wahrscheinlichkeiten gelten für wiederholte Messungen in jeweils gleichen Situationen.

9.2 Versuch eines Auswegs zur Behandlung von Photonen in der Schule

Zunächst werden stehende Wellen, Interferenz und Polarisationsexperimente mit klassischen Feldern behandelt, in der Schule vor allem mit **E**. Damit ist das Grundprinzip der Versuche verständlich (im Sinne der „Welleninterferenz"). Dann wird mitgeteilt, dass es quantenmechanisch mit Teilchen-Zuständen ganz ähnlich geht, jedoch im Fall der stehenden Wellen und der Interferenz mit einem Amplitudenquadrat, das nur in Stufen proportional zum Erwartungswert <n> der Teilchenzahl bzw. n veränderlich ist. D.h. auch, bereits mit einem Photon (<n> = 1 oder n =1) sind eine stehende Welle und Interferenz (Einteilchen-Interferenz) möglich.

Auch für Polarisationsexperimente genügt m.E. die einfache Mitteilung, dass das klassisch mit Feldern hergeleitete Malus-Gesetz auch für ein einziges Photon gilt. U.a. Einphotonen-Phänomene sind Quantenphänomene, für die man zwar neue Namen finden kann, aber keine klassische Erklärung. Aussagen wie „Das Photon interferiert am Doppelspalt mit sich selbst" sind jedenfalls nicht zielführend. An dieser Stelle sollte in der Schule nicht über Welle oder Teilchen geredet werden, dafür über Wahrscheinlichkeiten, aber nicht über ortsabhängige.

Die (klassisch hergeleitete) „normierte Energiedichte" für single-mode-Zustände (Erwartungswert der Energiedichte pro Gesamtenergie) könnte nach diesem Vorschlag qualitativ die Wahrscheinlichkeitsdichte der Schrödinger-Theorie ersetzen, zumindest in deren Einteilchenfall. So wie $|\psi(\mathbf{x},t)|^2 \cdot \Delta V$ die Wahrscheinlichkeit ist, ein Elektron in einem Bereich des Volumens ΔV um die Stelle $\mathbf{x}$ herum zu finden mit der Wahrscheinlichkeitsdichte $|\psi(\mathbf{x},t)|^2$ („Born'sche Wahrscheinlichkeits-Deutung"), wird der Erwartungswert der „normierten Energiedichte" $<U(x,t)>/(n\square)$ als ein Maß für die Wahrscheinlichkeitsdichte dafür angesehen, im Volumen ΔV die Energie $(n\square)$ zu finden. Kein Photon **hat** einen Ort. Das zu beobachtende „Körnige" bräuchte nämlich zu seiner Erklärung nicht nur den Quantencharakter des elektromagnetischen Felds, wie er hier besprochen wurde, sondern auch eine Quantentheorie der Wechselwirkung des elektromagnetischen Felds mit den Ladungen des Nachweisgeräts oder der Umgebung. Es ist zumindest plausibel, dass dort, wo die Energiedichte groß ist, auch die Wechselwirkung mit Ladungen groß ist, dass dort also auch die „photodetection probability density" (z.B. [Scu]) groß ist.

Man denkt manchmal – wider besseres Wissen - kausal: Die Schrödinger-Gleichung „bewirke" eine Wellenfunktion. Diese „bewirke" das Auftreten eines Elektrons nahe eines bestimmten Orts mit einer bestimmten Wahrscheinlichkeit; man glaubt, so eine Erklärung gefunden zu haben. Tatsächlich bewirkt die SG gar nichts; ihre Lösungen beschreiben aber die Wahrscheinlichkeit für den Nachweis eines Elektrons richtig.

So könnte ganz grob ein Lehrgang über Photonen in der Schule aussehen:

- klassische elektromagnetische Wellen

- Wellen-Interferenz: stehende Wellen, Interferenz

- „normierte Energiedichte" (mit Quadraten der klassischen elektrischen Feldstärke **E**)

- Photoeffekt (nicht Beweis des Teilchencharakters, sondern eine mögliche **Deutung** mit Energieportionen)

- Mitteilung: Modifikation der klassischen Elektrodynamik durch Photonen; Abhängigkeiten von der Photonenzahl n

- „Deutung" von stehenden Wellen und Interferenz mit „normierter Energiedichte", deren bildliche Darstellung

- G-R-A-Versuche

Ähnlich bewirkt auch die „normierte Energiedichte" für Photonen keinen Nachweis, beschreibt aber – zumindest in der Näherung vernachlässigter

Wechselwirkung mit Ladungen – ein Maß für die Wahrscheinlichkeit des Nachweis eines Photons oder das Entstehen eines Photoelektrons beim Photoeffekt, aber nur im Sinne der „photodetection probability density". Wir wissen: ein Photon hat keinen Ort. So ließen sich stehende Welle und die „Intensitätsverteilung" bei der Doppelspalt-Interferenz präzisieren und „erklären".

Das elektromagnetische Feld (zunächst evtl. näherungsweise beschrieben durch die „normierte Energiedichte") schafft die Voraussetzung für einen Nachweis eines Photons nahe einer bestimmten Stelle, wenn dort eine Wechselwirkung mit einem Nachweisgerät möglich ist. Der tatsächliche Nachweis hängt auch von den Eigenschaften des Zählers ab. (Denken Sie an den Wechselwirkungs-Operator $H_W = \mathbf{p \cdot E}$!)

9.3 Quanten-Effekte als Folge der Quantisierung des freien Felds

1. Effekte, die schon mit einem einzigen Photon, auch bei n Photonen mit gleichen Quantenzahlen, sichtbar werden (diskrete Energie und diskreter Impuls, stehende Wellen, Einteilchen-Interferenz, Malus-Gesetz der Polarisation, … ; Ortsabhängigkeiten des „normierten" Erwartungswerts der Energiedichte bei stehenden Wellen und Interferenz).

Vielfältige Wahrscheinlichkeiten ergeben sich schon aus der Quantentheorie des freien elektromagnetischen Felds. Da die Energie eines freien Photons nicht teilbar ist, deutet bereits der „normierte Erwartungswerts der Energiedichte" auf von Ort zu Ort veränderliche Wahrscheinlichkeitsdichten hin, die aber selbst erst mit einer Theorie der Wechselwirkung mit den Ladungen eines Nachweisgeräts begründet werden können. Experimentatoren haben schon viele Experimente mit einzelnen Photonen ersonnen oder sogar durchgeführt, z.B. die G-R-A-Experimente [Gr] (gesicherter Nachweis einzelner Photonen durch Koinzidenz-Experimente und nachgewiesene Einteilchen-Interferenz) oder die Messung des Durchgangsorts eines Atoms beim Doppelspalt durch ein einziges in einem Hohlraum-Resonator zurückgelassenes Photon [Scu1]

(Hohlraum-Quantenelektrodynamik; cavity quantum dynamics [Haro]). Der Photoeffekt beweist dagegen nicht die Existenz von Photonen im elektromagnetischen Feld, da er auch durch ein semiklassisch behandeltes Feld erklärt werden kann. Aber Photonen erlauben eine korrekte mögliche Deutung.

2. Effekte bei beliebigen be-stimmten Photonenzahlen (diskrete Energien, Impulse und Amplituden, …). Häufig ist die Amplitude der Energiedichte (ihr Hub) proportional zur Photonenzahl n bzw. deren Erwartungswert <n>. Vieles wird dabei schon vom klassischen elektromagnetischen Feld „geerbt", z.B. $E = p \cdot c$. Der Impuls p ist bereits eine Eigenschaft des elektromagnetischen Felds und begründet damit auch eine verschwindende Photonenmasse vor einer Quantisierung.

3. Effekte bei un-bestimmten Photonenzahlen. Kohärente Zustände kommen klassischen elektromagnetischen Wellen sehr nahe. Sie erklären Beobachtungen mit klassischen elektromagnetischen Wellen quantentheoretisch und ermöglichen vielfach eine semiklassische Behandlung des elektromagnetischen Feldes und „nichtklassisches Licht".

9.4 Historische didaktische Konzepte

In der Frühzeit der Quantenphysik standen Experimente im Mittelpunkt, die im Sinne eines „Wellencharakters" (Interferenz) oder eines „Teilchencharakters" (z.B. Photoeffekt) interpretiert wurden. Auf die – wie wir heute wissen – obsolete Frage, ob Photonen oder Elektronen Wellen oder Teilchen *sind*, also die Frage nach dem Wesen dieser Objekte, bot die Didaktik - grob gesehen - im Laufe der Zeit verschiedene Konzepte an:

1. Das „Sowohl-als-auch-Konzept": Photonen und Elektronen sollen sowohl Wellen als auch Teilchen sein, je nach Experiment. Schon als Schüler kam ich mit dem Widerspruch nicht zurecht.

2. Dann setzte sich vielfach das "Weder-noch-Konzept" durch: Photonen und Elektronen sind weder Wellen noch Teilchen. Das ist sicher richtig, aber die Experimente verlangen auch eine Deutung. Den Durchbruch brachte seit 1926 Borns Wahrscheinlichkeits-Deutung. Für die „Substanz" (Masse, Ladung, Anzahl, …) sei der „Teilchencharakter" zuständig, für Messer-

gebnisse, speziell bei der Interferenz, Wellenfunktionen und deren Wahrscheinlichkeits-Deutung. Leider gibt es bei Photonen keine ortsabhängige Wellenfunktionen, zumindest, wenn man nicht die Wechselwirkung mit dem Nachweisgerät einschließt, wie man sie mit der „photodetection probability" zu erfassen sucht. Die Schule müsste sich eigentlich schwertun beim Versuch z.B. Einteilchen-Interferenz oder stehende Wellen mit einem einzigen Photon im Hohlraum zu erklären.

3. Welle und Teilchen wurden zu Modellen der Wirklichkeit erklärt, die einiges „erklären", als solche die Wirklichkeit aber nicht vollständig wiedergeben müssen. Leider ist die Tragweite dieser Modelle trotz ihrer Beliebtheit sehr begrenzt. Bereits bei verschränkten Zweiteilchen-Zuständen versagen diese wie bei anderen Vielteilchen-Zuständen, also z.B. des He-Atoms, wenigstens, wenn man „Welle" (wie in der Schule notwendig), als 3-dimensionale Welle in Raum und Zeit sieht, statt als eine Welle im vieldimensionalen Konfigurationsraum. Das Modell-Konzept wurde dann zu einer allgemeineren „Modellphilosophie" erweitert, die physikalische Erkenntnis nur mit Hilfe von Modellen möglich sieht. Gegen sie ist prinzipiell nichts einzuwenden. Aber die Tragweite der Modelle ist evtl. zu begrenzt.

4. In dieses Konzept passt nun auch die Behandlung durch die QED, die das hier vorgestellte „Supermodell" der Anregungs-Zustände als Modell auf einer höheren Stufe darstellt. Es ist mathematisch für die Schule zu komplex, aber auf qualitativer Ebene halte ich es für sehr hilfreich, weil es alle Aspekte der traditionellen (schulischen) Quantenphysik auf natürliche Weise umfasst:

- Interferenz, sogar Einteilchen-Interferenz (ererbt von den Maxwell-Gleichungen und möglich gemacht durch die Quantisierung mittels Vertauschungsrelationen),
- Teilchen-Erscheinungen und damit verbunden: Gültigkeit von Erhaltungssätzen bei Wechselwirkungen („Stößen"),
- Nichtexistenz eines Photonenorts, wohl aber Existenz des Orts eines Photonen-Nachweises,
- Nichtexistenz einer Photonengröße,
- Nichtexistenz eines Photonenwegs durch Interferenz-Anordnungen hindurch,
- Wahrscheinlichkeiten, aber nicht unbedingt mit ortsabhängigen Wellenfunktionen,
- Be-stimmtheit und Un-bestimmtheit (durch Überlagerung von Zuständen),
- verschiedene Un-bestimmtheitsrelationen - auch für das elektromagnetische Feld,
- Verschränkung, zugelassen durch komplexere Anregungs-Zustände des elektromagnetischen Felds,
- Die QED erklärt auch mit kohärenten Zuständen (Glauber-Zuständen) semiklassisches Verhalten und damit den Übergang zur klassischen Physik.

　　　　　　　　　　　　　　　　　　　　　　

Anregungs-Zustand:

- sollte in der Regel in der Schule nicht thematisiert werden, aber als Hintergrundwissen (ohne Formalismus) dem Lehrer geläufig sein

- klärt einige Fragen, die sonst zu uferlosen Diskussionen führen (Warum gibt es keinen Welle-Teilchen-Dualismus im ursprünglichen Sinn (im Zusammenhang mit der Wesensfrage)? Warum ist es sinnlos nach der Größe eines Photons zu fragen? Wie ergeben sich un-bestimmte Eigenschaften von Photonen natürlicherweise aus der Theorie (durch Überlagerung, ein wesentliches Charakteristikum der Quantenphysik)? Wie erscheinen verschränkte Zustände natürlicherweise? Warum hat es keinen Sinn, nach einem Weg von Photonen, z.B. durch die Arme eines Interferometers, zu fragen? Warum bestehen Photonen-Zwillinge (verschränkte Zustände) nicht aus einzelnen Photonen mit seltsamen Eigenschaften, wie einer „spukhaften Fernwirkung"? Was kann von der „Wahrscheinlichkeits-Diskussion" für Photonen gerettet werden oder soll man wirklich bei Elektronen und Photonen zweigleisig fahren und sie schon in der Schule unterschiedlich darstellen? ...)

Kompromisse für die Schule:

- nicht über Anregungs-Zustände reden, sondern wie üblich so tun, als seien sie (Quanten-)Teilchen (keine klassischen Teilchen, aber Quantenteilchen, im Sinne des „neuen Teilchen-Begriffs" der QP (s. S. 28).

- funktionsmäßig / operational übernimmt der „normierte" Erwartungswert der Energiedichte in einem bestimmten Zustand (bei n Photonen mit gleichen Quantenzahlen) in gewisser Weise die Funktion der ortsabhängigen Wellenfunktion der Schrödinger-Theorie für Einteilchen-Zustände, obwohl es eigentlich im freien elektromagnetischen Feld keine ortsabhängige Wellenfunktion gibt

- dann lassen sich stehende Wellen, z.B. im Hohlraum mit der klassischen Elektrodynamik analog zur nichtrelativistischen Quantenmechanik beschreiben, jedoch immer ohne Bezug auf einen Weg des Teilchens durch die Apparatur: „die normierte Energiedichte hat Maxima und Minima"

- Photonen-Zwillinge (oder Elektronen-Zwillinge) sollten in der Schule erwähnt werden, um die Frage „Welle oder Teilchen?" ad absurdum zu führen. Ohne Photonen- oder Elektronen-Zwillinge zur Kenntnis genommen zu haben muss man die QM missverstehen! Das belegen in der Physik-Didaktik genügend viele Konzepte, die irrtümlich mit den Begriffen „Welle" oder „Teilchen" allein Einteilchen-Zustände verständlich machen wollen, wobei die „Welle" (Wellenfunktion) in der Regel im dreidimensionalen Anschauungsraum agieren soll. Es muss vermieden werden, über vermeintliche Wechselwirkungen der Komponenten eines Photonen-Zwillings zu diskutieren (auch keine „geisterhafte Fernwirkung"). Die Zerlegung in Einzelphotonen erfolgt ja erst in einer Messung (siehe „Dreiklang" [43]).

43: ***"Dreiklang verschränkter Systeme"****: Verschränkte Systeme **entstehen** häufig aus nicht verschränkten einzelnen Quantenteilchen, **bestehen** selbst nicht aus (individuellen) Quantenteilchen, zerfallen aber bei einer Messung wieder in einzelne Quantenteilchen.*

Für „Masseteilchen" ist der für die Schule mögliche Teil der Quantenmechanik ja weitgehend etabliert. Der Unterschied zwischen Quantenmechanik und QED für die Schule (!) ist im Wesentlichen, dass die QM nichtrelativistisch ist.

Schüler werden sich nicht mit allem hier Gesagten zufrieden geben. Auch Sprüche wie „Das Photon interferiert am Doppelspalt mit sich selbst" dürften mehr Fragen aufwerfen als beantworten. Sie – wenigstens die interessierteren - wollen ja „ verstehen", wie die „seltsamen" Erscheinungen zustande kommen. Der Lehrer sollte sie ermutigen bei diesem Bestreben. Aber er sollte auch dazu sagen: „Schaut her, es gibt Dinge zu entdecken, die man nicht auf seine Vorkenntnisse zurückführen kann. Bleibt auch offen für solche neuen Erfahrungen, die ihr mit neuen Vorstellungen und Konzepten ebenfalls verstehen könnt, wenn auch in einer anderen Weise, als ihr es bisher gewohnt seid."

9.5 Das didaktische Würzburger Quantenphysik-Konzept (WQPK)

Ein didaktisches Modell zur Behandlung der Quantenphysik in der Schule stellt das „**Würzburger Quantenphysik-Konzept**" (WQPK, [Hü]) dar, in dem viele der strittigen und überflüssigen Punkte nicht vorkommen: kein Welle-Teilchen-Dualismus, keine Bevorzugung von Ortsmessungen (z.B. bei der Wahrscheinlichkeitsdichte in Abhängigkeit vom Ort) gegenüber anderen Eigenschaften (Observablen), die bei Messungen dem objektiven Zufall unterliegen, wie etwa elektrische und magnetische Feldstärke, auch nicht im Zusammenhang mit der HUR (in Kombination mit Impuls-Messungen). Das WQPK wurde angeregt durch „Wesenszüge" von Küblbeck und Müller [Kü], aber deutlich weiterentwickelt.

Das WQPK stellt den Gebrauch von Wellenfunktionen weit zurück. Bei den Themen Doppelspalt, Mach-Zehnder-Interferometer, auch bei diskreten Energiestufen von Masseteilchen könnten sie aber eine wichtige Erklärungsfunktion haben. Stattdessen werden andere Grundfakten der QT in den Vordergrund gestellt:

- Be-stimmtheit und Un-bestimmtheit,
- im Zusammenhang damit: Überlagerung (von Zuständen und Feldern),
- Interferenz als Folge der fehlenden Entscheidung zwischen zwei oder mehr „klassisch denkbaren" [Kü] Möglichkeiten,
- Komplementarität,
- „neuer Teilchen-Begriff" (s. Kap. 3.7.2) und damit auch verschränkte und kohärente (quasiklassische) Zustände,
- objektiver Zufall und objektive Wahrscheinlichkeit,
- diskrete Eigenwerte.

In der elementaren Behandlung von stehenden Wellen beim Elektron im Potenzialkasten sucht man in der Schule ausschließlich Einteilchen-Zustände, und zwar solche zu stationären Zuständen (konstanter Energie). Das gehört zu den Tricks, die bei Betrachtung der so genannten zeitunabhängigen Schrödinger-Gleichung in der Regel nicht angesprochen werden. Selbstverständlich lässt die so genannte zeitabhängige Schrödinger-Gleichung bei Elektronen viele weitere, nicht stationäre Zustände zu, deren Wellenfunktionen komplexwertig sind. Auch bei Photonen gibt es außer den besprochenen Zuständen, die Eigenzustände des Hamilton-Operators, des Impuls- und des Teilchenzahl-Operators sind, weitere Zustände.

Wie sollte der Lehrer im Zusammenhang mit Photonen erklären:

Stehende Wellen? Semiklassisch argumentieren: Einpassen von halben Wellenlängen der elektrischen Feldstärke; Beschreibung (!) mit Hilfe des mitgeteilten „normierten" Erwartungswerts der Energiedichte (Energiedichte pro Gesamtenergie bei n Photonen mit gleichen Quantenzahlen; single-mode), der sich ähnlich verhält wie die Wahrscheinlichkeitsdichte bei 1-Elektronen-Zuständen.

Interferenz mit ihrem allmählichem Aufbau aus Einzelnachweisen? Heuristisch als Folge fehlender Entscheidung zwischen zwei oder mehr „klassisch denkbaren" [Kü] Möglichkeiten. Aber auch semiklassisch bei der Interferenz von **E** bzw. **B**. Ergebnis beschreiben mit der „normierten Energiedichte" [44], die der Wahrscheinlichkeitsdichte bei 1-Elektronen-Zuständen ähnelt. Begriff: Einteilchen-Interferenz (aber kein Zusammenhang mit einem „Wellencharakter").

44: *Ein „normierter Erwartungswert der Energiedichte" (bei n Photonen mit gleichen Quantenzahlen) erscheint generell dann sinnvoll, wenn eine beobachtete Ortsabhängigkeit qualitativ begründet werden soll.*

Photoeffekt? Wie üblich. Hinweis auf unterschiedliche Beschreibungsmöglichkeiten: vor allem Photonenstöße bzw. quantisiertes elektromagnetisches Feld und nachfolgende QT der Wechselwirkung (höchstens erwähnen). Bei unterschiedlichen Beschreibungsweisen (Feld semiklassisch; Wechselwirkung mit Nachweisgerät korpuskular oder quantenmechanisch) handelt es sich um unterschiedliche Modelle, nicht um Unkenntnis über den „wahren" Mechanismus, sondern es sind verschiedene Beschreibungsweisen ein und desselben Sachverhalts möglich. Fragen nach dem Wesen der Quantenobjekte sind nicht zu beantworten, also sinnlos.)

Polarisationsexperimente? Semiklassisch; Mitteilung: mit einzelnen Photonen genauso, selbst bei einem einzigen Photon. Nicht geeignet um „Wellencharakter" von Photonen nachzuweisen. Geeignet um Quanteneigenschaften zu illustrieren.

G-R-A-Versuch [Gr]? Zählexperiment im Teilchen-Bild, Deutung des Einteilchen-Interferenz-Versuchs mit Erwartungswert der Energiedichte bei Interferenz und objektivem Zufall.

Mach-Zehnder-Interferometer? Wie üblich, aber: Nach einem Weg durch das Interferometer zu fragen, ist sinnlos, da Photonen keinen Weg haben, da ein solcher auch nicht nachgeprüft werden könnte ohne die Interferenz zu zerstören.

Im Anhang B sind Schulexperimente mit Polarisatoren angedeutet, mit denen wichtige Grundfakten der Quantenphysik nach dem WQPK plausibel gemacht werden können. Obwohl es sich um Experimente mit Licht, also mit in der Regel sehr vielen Photonen handelt, funktionieren sie in weitgehend gleicher Weise, wie in dieser Schrift gezeigt wurde, auch für einzelne Photonen. Es handelt sich um mehr als Analogie-Versuche.

10 Zusammenfassung

Es geht in diesem Text nicht um die Frage, ob Photonen Wellen oder Teilchen sind. Sie *sind* mit Sicherheit weder (klassische) Wellen noch (klassische) Teilchen. Die Frage ist mit dem Entstehen der Quantentheorie ab 1926 obsolet geworden. Photonen sind wie andere Elementarteilchen etwas anderes, etwas, das häufig – ausweichend - Quantenobjekt genannt wird. Die Frage nach dem Wesen der Photonen lässt sich in der Physik nicht klären. Sie formuliert Gesetzmäßigkeiten, die Beobachtungen und Experimente mit ihnen richtig beschreiben. Der Begriff Quantenobjekt ist allgemeiner (z.B. im Zusammenhang mit Photonen-Zwillingen und Vielteilchenzuständen) und sollte m.E. auch in der allgemeineren Form qualitativ in der Schule eine Rolle spielen.

Es geht hier darum, wie in der QED bzw. QFT Photonen auftreten, nämlich als Anregungs-Zustände des elektromagnetischen Felds. Man nennt sie auch Quantenteilchen. Sie haben keinen Ort; deswegen gibt es auch keine ortsabhängige Wahrscheinlichkeitsdichte. Sie sind im einfachsten Fall Objekte mit der Energie $h\omega$, dem Impuls $h\mathbf{k}$, einem bestimmten ganzzahligen Spin-Drehimpuls und der Teilchenzahl 1. Das könnten auch die Kenngrößen eines klassischen Teilchens sein. Photonen unterscheiden sich mit ihnen von anderen Quantenobjekten im elektromagnetischen Feld. Weil sie die zugehörigen Erhaltungssätze erfüllen, *scheinen* sie sich wie klassische Objekte *zu verhalten*, z.B. bei „Stößen". Im Unterschied zu klassischen Teilchen können beim Photon nicht alle Eigenschaften gleichzeitig be-stimmt sein. Sehr viel mehr lässt sich zum „Wesen" von Photonen nicht sagen. Von Lokalisierbarkeit ist nicht die Rede.

(Auch die Eigenschaft Impuls ist nicht unbedingt ein Kennzeichen eines Teilchens, weil auch ein klassisches elektromagnetisches Feld Impuls trägt. Wie beim klassischen elektromagnetischen Feld gilt $E = p \cdot c$. Deswegen wird Photonen die Lichtgeschwindigkeit zugeordnet.)

Einige Zitate:

„ ... also etwa eines Ensembles von Klicks zu verschiedenen Zeiten, von unterschiedlich positionierten Flecken auf der Photoplatte oder auch von verschiedenen Bahnen in der Nebelkammer. In diesem Sinne muss man also schließen, dass alle diese scheinbaren Teilchenphänomene erst durch die zwangsläufig von Dekohärenz begleitete Messung entstehen, … „[45]

„There are no quantum jumps, nor are there particles", [46] : Zeh H.D., Phys.Lett. **A172**,189 (1993)

„Das spontane Auftreten von Photonen in Form von Zählerklicks ist dann nur die Konsequenz schneller Dekohärenzprozesse im Detektor."[47]

„In diesem Sinne muß man also schließen, daß alle diese scheinbaren Teilchen-phänomene erst durch die zwangsläufig von Dekohärenz begleitete Messung *entstehen*, was die intuitiven Behauptungen der Begründer der Quantentheorie im Ergebnis erklärt (Fußnote 44).

„Insofern verhalten sich Photonen wie '… punktförmige' Objekte der Masse null und mit einem festen ... Spin $\hbar$. Sie sind quantenmechanisch durch eine räumlich beliebig ausgedehnte Wellenfunktion zu beschreiben, die erst durch die Messung in lokale ([48]Wellen-)Pakete oder, bei Absorption, in lokalisierte 'Klicks' dekohäriert." [49]

Photonen und andere Quantenobjekte wie Photonen-Zwillinge (verschränkte Photonen) erscheinen ganz natürlich als Strukturelemente des quantisierten elektromagnetischen Feldes mit einigen be-stimmten und anderen un-bestimmten Eigenschaften bei Gültigkeit einiger Erhaltungssätze.

Ähnlich sind nichtrelativistische Elektronen Anregungs-Zustände des Schrödinger-Feldes und relativistische Elektronen und Positronen Anregungs-Zustände des Elektron-Positron-Feldes (des Dirac-Feldes). Zu den Anregungs-Zuständen gehören z.B. auch Elektronen-Zwillinge. Spätestens mit dieser Kenntnis ist auch hier die Frage nach dem „Wesen" von Elektronen obsolet geworden. Auch hier „scheinen" Elektronen und Positronen mit einer bestimmten Energie (sie kann be-stimmt oder un-bestimmt sein) zu existieren, d.h. aus der Theorie hervor zu treten, manchmal mit einem be-stimmten Impuls, dann haben sie keinen Ort bzw. ist es sinnlos, von einem Ort zu sprechen. Manchmal erscheinen sie in der Nähe eines Ortes, der zu-

---

45: *H.D. Zeh, Wie groß ist ein Photon?, **www.zeh-hd.de** (2010)*

46: *H.D. Zeh, There are no Quantum Jumps, nor are there Particles!, Phys.Lett. **A172**,189 (1993)*

47: *H.D. Zeh, Die sonderbare Geschichte von Teilchen und Wellen – eine historisch verkürzte aber aktuelle Darstellung, www.zeh-hd.de (2011, 2015); engl. Fassung: arXiv.org/1304.1003*

48: *Ergänzung des Autors*

49: *Wie Fußnote 45*

vor be-stimmt oder un-bestimmt sein kann (nach der Messung ist er sicher be-stimmt). Wieder spielen die Erhaltungssätze bei Wechselwirkungen eine wichtige Rolle bei der Interpretation als Quantenteilchen.

Photonen haben keinen Ort. Das bedeutet nicht, dass sie nirgendwo oder überall sind. Von einem Ort eines Photons zu sprechen ist vielmehr in gewisser Weise sinnlos und für den quantentheoretischen Teilchenbegriff auch nicht erforderlich. Als Anregungszustand gehören sie dem ganzen elektromagnetischen Feld an. Beim Doppelspalt-Versuch ist die Frage, durch welchen Spalt das Photon getreten ist, das an einer bestimmten Stelle im Interferenzbild nachgewiesen wird, sinnlos, da ein Photon als Anregungs-Zustand keinen Ort hat, und weil außerdem die Frage auf keine Weise geklärt werden kann. Wer danach fragt, hat unbewusst die unpassende (weil nicht zutreffende) Vorstellung von einem kleinen Kügelchen (oder einem eng begrenzten Wellenpaket) dieses Namens, das sich wie ein klassisches Teilchen durch einen der Spalte bewegen soll.

Ähnlich fragt beim Mach-Zehnder-Interferometer nur jemand nach einem Weg durch den einen oder den anderen Arm des MZI, wer sich möglicherweise unbewusst und illegalerweise ein Photon als ein kleines Kügelchen (oder ein eng begrenztes Wellenpaket) vorstellt. Es gibt keinen solchen Weg, Anregungs-Zustände des elektromagnetische Feld „bewegen" sich i.A. nicht; erst recht nicht auf einem solchen Weg; die Vorstellung eines solchen Wegs ist sinnlos. Auch Fragen, wie es dazu kommen kann, dass ein Photon im Überlagerungs-Zustand von zwei Photonen scheinbar mit entgegengesetzten Wellenzahl-Vektoren (Impulsen?) auftritt, so als würde es gleichzeitig nach links und nach rechts laufen, kann nur jemand stellen, der an klassische Photonenkügelchen glaubt, die sich gleichzeitig in entgegengesetzte Richtungen bewegen sollten. Ein Verständnis als Anregungs-Zustand verführt nicht zu einer solchen Ansicht.

Ein Photon wird also als Anregungs-Zustand mit be-stimmter Energie, be-stimmtem Impuls und mit be-stimmter Teilchenzahl $n = 1$ und ganzzahligem Spin-Drehimpuls S gesehen. Das sind auch die Kenngrößen eines klassischen Teilchens und ist mit den zugehörigen Erhaltungssätzen Anlass dafür, einen solchen Anregungs-Zustand **wie** ein Teilchen zu behandeln. Das rechtfertigt den Gebrauch eines Photons wie in der Schule üblich. Im Unterschied dazu können beim Photon nicht alle weiteren Eigenschaften gleichzeitig be-stimmt sein. Aber auch die Eigenschaft Impuls ist nicht unbedingt ein Kennzeichen eines Teilchens, weil auch ein klassisches elektromagnetisches Feld, also z.B. in Form einer ebenen Welle, Impuls trägt.

Ob Einstein die richtige Vorstellung von einem Photon hatte, ist heute weitgehend egal. Wichtig ist, dass er den Gedanken ins Spiel brachte, dass das Photon bereits im freien quantisierten elektromagnetischen Feld angelegt und so Strukturelement des elektromagnetischen Felds ist [Ma].

Die „Körnigkeit" des quantisierten elektromagnetischen Felds macht sich erst bemerkbar, wenn das elektromagnetische Feld an Ladungen eines Nachweisgeräts oder anderer Materie gekoppelt ist; dazu die „photodetection probability". Spekulativ könnte man an einen Produkt- oder gar verschränkten Zustand zwischen dem elektromagnetischem Feld und dem Materiefeld des Zählers denken, so dass Eigenschaften vom elektromagnetischen Feld „durchschlagen" auf die Nachweiswahrscheinlichkeit in der Nähe eines be-stimmten Orts. Dekohärenz-Theoretiker wie Zeh wiesen auch einen Weg, wie Dekohärenz, insbesondere bei einem Messvorgang, für das „Entstehen" von **scheinbar** lokalisierten Photonen verantwortlich gemacht werden könnte.

Einstein schrieb 1951:

„Jeder Hinz und Kunz meint heute, er habe verstanden, was ein Photon ist – aber sie irren sich." (zitiert nach H.D. Zeh, Fußnote 45)

11 Literatur

[Ag] Agarwal, G.S, Quantum Optics, New York, Cambridge University Press, 2013

[Asp] Aspect A., Dalibard J., Roger G., Experimental test of Bell's inequalitites using time-varying analyzers, Phys. Rev. Let. **49**, 25, 1804 (1982)

[Aud] Audretsch J., Die sonderbare Welt der Quanten, Verlag C. H. Beck, München, 2. Aufl., 2012

[Ein] Einstein, A., Podolsky B., Rosen N., Phys. Rev. **47**, S. 777, 1935

[Gl] Glauber R. J., Phys. Rev. **131**, S. 2766, 1963

[Gr] Grangier P., Roger G., Aspect A., Experimental Evidence for a Photon Anticorrelation Effect on a Beam Splitter: A New Light on Single-Photon Interferences, *Europhys. Lett.* **1,** 173, 1986

vgl. auch https://www.forphys.de/Website/qm/bilder/Grangier.gif

[Haro] Haroche S., Raimond J.-M., Cavity Quantum Electrodynamics, Scientific American, S. 26-33, April 1993

vgl. auch https://www.forphys.de/Website/qm/exp/haroche1.html

[Harr] Harris E. G., A Pedestrian Approach to Quantum Field Theory, New York, John Wiley & Sons, 1972

[Hü] Hübel H., Das Würzburger Quantenphysik-Konzept, PdN Physik in der Schule, Heft 4, S. 21 - 24, 2016   oder   https://www.forphys.de/overview.html

[Hü1] Hübel H., (Grundfakten mit Polarisatoren veranschaulicht):

https://www.forphys.de/Website/qm/schulversuche/polfilter2.html   und

https://www.forphys.de/Website/qm/schulversuche/polexperiment.pdf   und

https://www.forphys.de/Website/sv/polfilter.html

[Kü] Küblbeck J., Müller R., Die Wesenszüge der Quantenphysik, Aulis Verlag Deubner, Köln, 2003

[Lo] Loudon R., 2nd edn., 1983 und 3rd edn., New York,Oxford University Press, 2000

[Ma] Mandl F., Shaw G., Quantenfeldtheorie, Wiesbaden, Aula-Verlag, 1993

[Pas1] Passon O., Unterrichtskonzepte zur Quantentheorie, Workshop „QP an der Schule", Heisenberg- G e s e l l s c h a f t , 2019: https://www.heisenberg-gesellschaft.de/uploads/1/3/5/3/13536182/workshop2019-passon-praesentation.pdf

[Pas2] Passon O., Grebe-Ellis, J., Was ist eigentlich ein Photon?, Praxis der Naturwissenschaften – Physik in der Schule, 64(8): 46-48, 2015   und https://www.physikdidaktik.uni-wuppertal.de/fileadmin/physik/didaktik/Forschung/Publikationen/Passon/Passon_Grebe-Ellis_2015_Moment_mal_was_ist_eigentlich_ein_Photon.pdf

[Pau] Paul H., Photonen, Eine Einführung in die Quantenoptik, Stuttgart, Teubner, 1995[Rar] Rarity J.G., Tapster P.R., Phys. Rev. Let., **64**, (21), S. 2495, 1990

[Scu] Scully M. O., Zubairy M. S., Quantum Optics, New York, Cambridge University Press, 1997

[Scu1] Scully M. O., Englert B.G., Walther H., Nature, 351, Heft 6322, S. 111 – 116 (1991)

[Whe] Wheeler J. A., Zurek W. H., Quantum Theory and Measurement, Princeton University Press, 1983

[Zeh1] Zeh H. D., Wie groß ist ein Photon?, 2010;   http://www.rzuser.uni-heidelberg.de/~as3/Photon.pdf

[Zeh2] Zeh H. D., Dekohärenz und andere Quantenmißverständnisse, 2011; http://www.rzuser.uni-heidelberg.de/~as3/KarlsruheText.pdf

[Zeh3] Zeh H. D., Die sonderbare Geschichte von Teilchen und Wellen – eine historisch verkürzte aber aktuelle Darstellung, www.zeh-hd.de (2011, 2015); engl. Fassung: arXiv.org/1304.1003

oder auch: http://www.thp.uni-koeln.de/gravitation/zeh/Teilchen+Wellen.pdf

[Zei] Zeilinger A., Einsteins Schleier, Verlag C. H. Beck, München, 2003

A Das Würzburger Quantenphysik-Konzept in der Schule (WQPK)

Grundfakten der Quantenphysik (für die Schule formuliert)

1. Von Teilchenzuständen, speziell von (Quanten-)Teilchen, spricht man in der Quantenphysik, wenn die Objekte in bestimmten Messungen **als ungeteilte Einheiten auftreten** und wenn man dabei die beteiligten Objekte **zählen** kann. [50]

    Photonen, Elektronen, Protonen, Neutronen, Atome, Moleküle etc. sind in diesem Sinn **Quantenteilchen**, aber **keine klassischen Teilchen**. Sie sind Objekte mit einigen wenigen unveränderlichen Eigenschaften wie Masse, elektrische Ladung und Spin. Teilchen-Zwillinge und **Mehrteilchen-Zustände** haben kein klassisches Analogon. Der Oberbegriff heißt „Quantenobjekt".

2. Auch (nur) „klassisch denkbare Eigenschaften" eines Quantenobjekts sind messbar. Aber: Ohne eine Messung ist eine klassisch denkbare Eigenschaft i.A. **unbestimmt**. Erst durch eine Messung werden i.A. klassisch denkbare Eigenschaften **be-stimmt** .

    Bei einem (Quanten-)Teilchen ist die Teilchenzahl be-stimmt, nämlich 1. Auch bei einem Teilchen-Zwilling ist die Teilchenzahl be-stimmt, nämlich 2. In manchen Zuständen kann die Teilchenzahl auch un-bestimmt sein (z.B. in kohärenten Zuständen; solche Zustände mit un-bestimmter Teilchenzahl kommen klassischen Wellen am nächsten, z.B. elektromagnetischen Wellen.)

3. Es gibt Paare von klassisch denkbaren Eigenschaften, die ein Quantenobjekt nicht gleichzeitig haben kann. Mindestens eine der Eigenschaften ist dann unbestimmt. Solche Eigenschaften bzw. die zugehörigen Messgrößen heißen **komplementär**.

    Paare von komplementären Messgrößen sind z.B.:
    *   Ort und Geschwindigkeit bzw. Impuls eines Teilchens (gemeint sind gleichgerichtete Koordinaten von Orts- und Geschwindigkeitsvektor)
    *   Welcher-Weg-Information und Interferenzfigur
    *   Gesamtenergie und kinetische Energie
    *   Gesamtenergie und potenzielle Energie
    *   potenzielle und kinetische Energie
    *   elektrische und magnetische Feldstärke bei einer elm. Welle

    Da ein Quantenteilchen nicht gleichzeitig Ort und Geschwindigkeit haben kann, hat es auch keinen Sinn, von einer **Bewegung (im klassischen Sinn)** zu sprechen oder von einer „**Bahn**" eines Quantenteilchens.

50: *Genauer meint man mit Teilchenzuständen Zustände mit einer be-stimmten Teilchenzahl.*

4. Wenn ein Quantenobjekt, das jeweils in den gleichen Zustand präpariert wird, in diesem Zustand eine be-stimmte Eigenschaft nicht hat, liefern Messungen streuende Messwerte dafür. Es gilt der **objektive Zufall** mit **objektive n Wahrscheinlichkeiten** gemäß der Born'schen Wahrscheinlichkeitsdeutung.

5. Für Paare komplementärer Messgrößen gibt es eine **Heisenberg'sche Un-bestimmheits-Relation** (HUR).

   Sie besagt, dass sich das Produkt der Streuungen (Un-bestimmtheiten) der beiden Messgrößen nicht unter eine gewisse Schwelle herabdrücken lässt.

6. Interferenz tritt auf, wenn zwischen zwei oder mehr klassisch denkbaren Möglichkeiten nicht entschieden wird („Interferenz von klassisch denkbaren Möglichkeiten").

7. Wird der Raum, in dem man Quantenteilchen nachweisen kann, eingeschränkt, so entstehen als mögliche Messwerte u.a. **diskrete**, d.h. deutlich getrennte **Energie-Messwerte** mit Energielücken zwischen ihnen.

8. **Klassische elektromagnetische Wellen** entsprechen im Idealfall Zuständen mit un-bestimmter Photonenzahl (kohärente Zustände). Der Erwartungswert (Mittelwert) der Photonenzahl ist dabei häufig extrem groß, die relative Streuung dann vernachlässigbar. Auch bei kleiner mittlerer Teilchenzahl streuen die Teilchenzahlen; die Erwartungswerte verhalten sich unabhängig von der mittleren Teilchenzahl wie bei klassischen Wellen.

9. Für **verschränkte Systeme**, wie z.B. Teilchen-Zwillinge, gilt der „**Dreiklang verschränkter Systeme**": Verschränkte Systeme *entstehen* häufig aus nicht verschränkten einzelnen Quantenteilchen, *bestehen* selbst *nicht* aus (individuellen) Quantenteilchen, *zerfallen* aber bei einer Messung wieder *in einzelne* Quantenteilchen.

   Es können auch verschiedene „Unterzustände" eines einzigen Quantenteilchens miteinander verschränkt sein, z.B. Schwerpunkts- und Relativsystem eines H-Atoms.

10. **Verschränkte Systeme** genügen einer „**Geburtsurkunde**" (häufig auf Erhaltungssätzen beruhend), die über den „Tod" des Systems (einer Messung von Einteilchen-Eigenschaften) hinaus gültig ist. Sie legt Eigenschaften des Gesamt-Zustands fest.

    Das steht im Zusammenhang mit dem scheinbaren „Einstein-Podolsky-Rosen-Paradoxon" (EPR), der „Nichtlokalität der Quantenphysik" und der „Fernwirkungslosigkeit" bei einem Teilchen-Zwilling.

Wegen all dieser Eigenschaften sind (Quanten-)Teilchen (Mikroteilchen, „Quantenobjekte") keine klassischen Teilchen (natürlich auch keine klassischen Wellen). Erst recht sind Teilchen-Zwillinge, Mehrteilchen-Zustände und andere Quantenobjekte nicht klassisch.

B Schulexperiment zu Grundfakten nach dem WQPK

Veranschaulichung von Grundfakten in Polarisationsexperimenten[1] mit Licht (1)

Sie können mit billigen Polarisationsbrillen oder mit simulierten Experimenten im Schülerversuch durchgeführt werden. Ein LCD-Bildschirm (BS) kann als polarisierende Lichtquelle (PO) dienen.

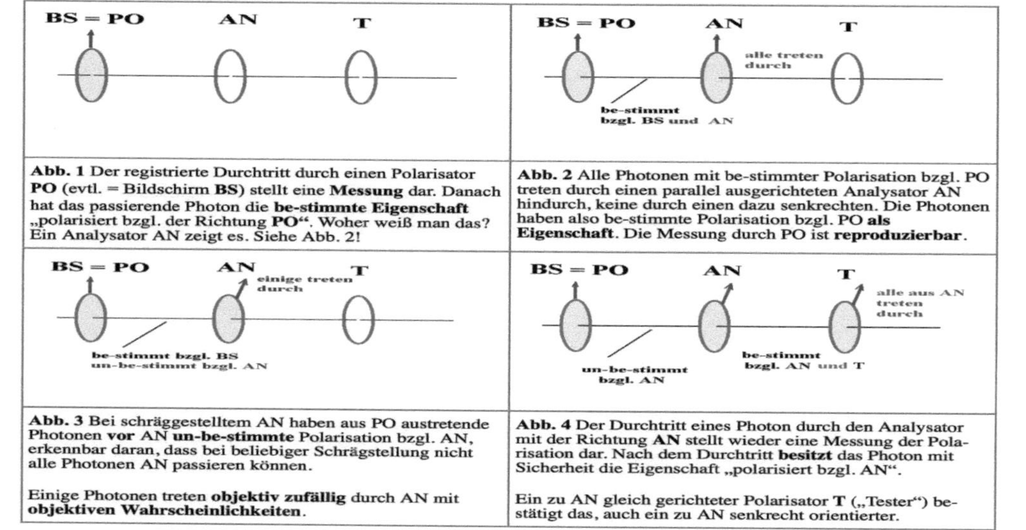

Abb. 1 Der registrierte Durchtritt durch einen Polarisator **PO** (evtl. = Bildschirm **BS**) stellt eine **Messung** dar. Danach hat das passierende Photon die **be-stimmte Eigenschaft** „polarisiert bzgl. der Richtung **PO**". Woher weiß man das? Ein Analysator AN zeigt es. Siehe Abb. 2!

Abb. 2 Alle Photonen mit be-stimmter Polarisation bzgl. PO treten durch einen parallel ausgerichteten Analysator AN hindurch, keine durch einen dazu senkrechten. Die Photonen haben also be-stimmte Polarisation bzgl. PO **als Eigenschaft**. Die Messung durch PO ist **reproduzierbar**.

Abb. 3 Bei schräggestelltem AN haben aus PO austretende Photonen **vor AN un-be-stimmte** Polarisation bzgl. AN, erkennbar daran, dass bei beliebiger Schrägstellung nicht alle Photonen AN passieren können.

Einige Photonen treten **objektiv zufällig** durch AN mit **objektiven Wahrscheinlichkeiten**.

Abb. 4 Der Durchtritt eines Photon durch den Analysator mit der Richtung **AN** stellt wieder eine Messung der Polarisation dar. Nach dem Durchtritt **besitzt** das Photon mit Sicherheit die Eigenschaft „polarisiert bzgl. AN".

Ein zu AN gleich gerichteter Polarisator **T** („Tester") bestätigt das, auch ein zu AN senkrecht orientierter.

[1] ideale Polarisatoren vorausgesetzt; © Horst Hübel, Würzburg 2015

Veranschaulichung von Grundfakten in Polarisationsexperimenten[1] mit Licht (2)

Sie können mit billigen Polarisationsbrillen oder mit simulierten Experimenten im Schülerversuch durchgeführt werden. Ein LCD-Bildschirm (BS) kann als polarisierende Lichtquelle (PO) dienen.

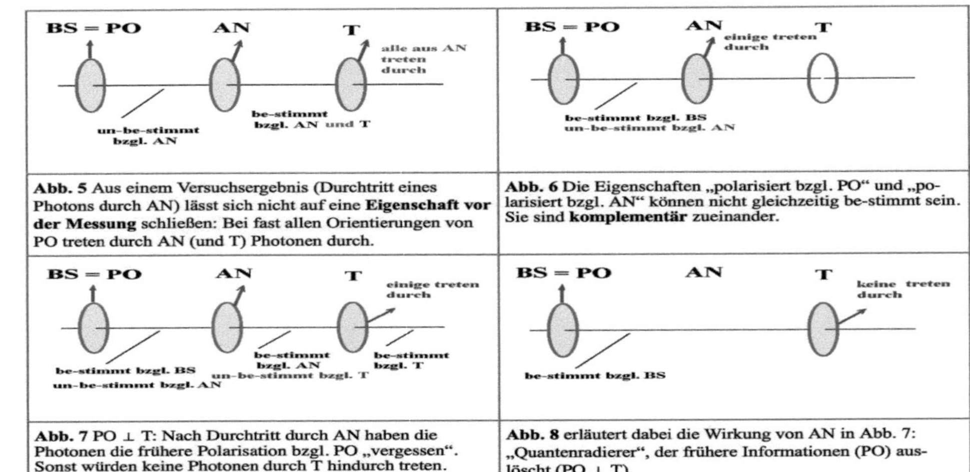

Abb. 5 Aus einem Versuchsergebnis (Durchtritt eines Photons durch AN) lässt sich nicht auf eine **Eigenschaft vor der Messung** schließen: Bei fast allen Orientierungen von PO treten durch AN (und T) Photonen durch.

Abb. 6 Die Eigenschaften „polarisiert bzgl. PO" und „polarisiert bzgl. AN" können nicht gleichzeitig be-stimmt sein. Sie sind **komplementär** zueinander.

Abb. 7 PO ⊥ T: Nach Durchtritt durch AN haben die Photonen die frühere Polarisation bzgl. PO „vergessen". Sonst würden keine Photonen durch T hindurch treten.

Abb. 8 erläutert dabei die Wirkung von AN in Abb. 7: „Quantenradierer", der frühere Informationen (PO) auslöscht (PO ⊥ T).

[1] ideale Polarisatoren vorausgesetzt; © Horst Hübel, Würzburg 2015

Vgl. [Hü1]

Stichwortverzeichnis